LOS CIENTIFICOS

SIEMPRE ESTARÁN EN PRIMERA LÍNEA

EDWAR MONTENEGRO

Copyright © 2023 by Edwar Montenegro

Dados Internacionais de Catalogação na Publicação (CIP)
(Câmara Brasileira do Livro, SP, Brasil)

```
Montenegro, Edwar Davila
    Los cientificos siempre estarán en primera línea /
Edwar Davila Montenegro. -- 1. ed. -- Teresina, PI :
Ed. do Autor, 2023.

    ISBN 978-65-00-65149-2

    1. Astronomia 2. Ciências 3. Cosmologia 4. Estudos
científicos 5. Evolução 6. Física I. Título.

23-149055                                          CDD-523
```

Índices para catálogo sistemático:

1. Descobertas científicas : Astrofísica   523

Henrique Ribeiro Soares - Bibliotecário - CRB-8/9314

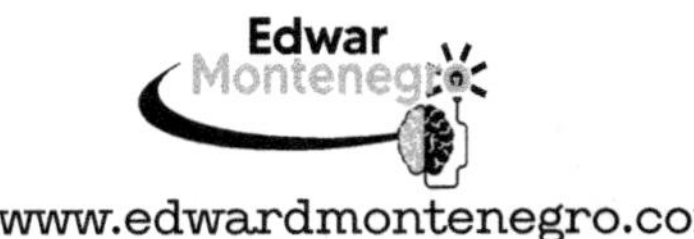

www.edwardmontenegro.com

Conteúdo

Prefacio

Como un apasionado de la ciencia, siento una profunda admiración por los científicos que a lo largo de la historia han dedicado sus vidas a la búsqueda de conocimiento y comprensión del universo y de nosotros mismos. Este libro, "Los científicos siempre estarán en primera línea", retrata la importancia de los científicos en nuestra sociedad y cómo son fundamentales para el avance de la humanidad.

Desde los albores de la civilización, los científicos han sido los guardianes de la comprensión del mundo que nos rodea. Fueron los primeros en descubrir cómo medir las posiciones de las estrellas y los planetas en el cielo, y cómo determinar nuestra posición en el espacio y el tiempo. Fueron responsables de todo el desarrollo tecnológico que vemos hoy, desde internet, medicamentos, videojuegos y hasta viajes espaciales.

Pero la importancia de los científicos va más allá de eso. También son los guardianes de nuestro futuro, ayudando a construir un mundo mejor para la humanidad. La ciencia es una de las herramientas más importantes para el progreso humano, permitiéndonos resolver problemas y enfrentar desafíos, además de comprendernos mejor a nosotros mismos y al universo que nos rodea.

Creo firmemente que para construir un futuro mejor es fundamental valorar a los científicos, la ciencia y el método científico. La ciencia es un proceso continuo de preguntas y respuestas, y los científicos son los líderes de este proceso. Ellos son los que nos guiarán hacia una comprensión más profunda del universo y de nosotros mismos, y hacia un futuro más brillante para la humanidad.

Este libro es una declaración de amor a la ciencia y un homenaje a los científicos que nos han ayudado a llegar hasta donde estamos hoy. Más que eso, es un llamado a la acción para que todos podamos unirnos en pro del avance del conocimiento y la comprensión de la dinámica del universo. Con este libro, espero inspirar a una nueva generación de pensadores y científicos, además de acortar la distancia entre el conocimiento científico y aquellos que aún no han tenido la oportunidad de conocer el trabajo de los científicos y los métodos utilizados por la ciencia. ¡Únete a nosotros en este viaje hacia el infinito!

Como escritor de este humilde libro, quisiera expresar mi profunda gratitud a todos los científicos que han dedicado sus vidas a la búsqueda del conocimiento y la verdad, y cuyos trabajos han sido una fuente constante de inspiración para mí.

Además, quisiera agradecer a mi esposa, la profesora Aline Oliveira, por sus valiosas contribuciones en la revisión literaria de este texto y por animarme a realizar mis sueños, por extraños que sean. A mi hijo Arthur, por inspirarme muchas veces a seguir buscando mis sueños. También quiero agradecer a los profesores Me. Ayrton Vasconcelos, Dr. Heurison de Sousa y Dra. Marcília Pinheiro, por ser mis guías en el mundo de la ciencia, piezas fundamentales de mi formación como investigador y por haber aceptado el desafío de orientarme durante la licenciatura, maestría y doctorado, respectivamente.

Mi sincera gratitud también es para dos de mis grandes amigos, los profesores de Física Francisco Peixoto y Gilson Silva. A lo largo de la última década, han sido compañeros inseparables en cada proyecto y caminata científica realizadas por la *Graviton Scientific Society* (GSS) y han contribuido significativamente con debates y sugerencias en cada tema abordado en este libro.

Agradezco al profesor, Dr. Jussiê Soares, por la oportunidad de participar en diversos eventos científicos realizados en los campus de los IF's y por cada estímulo para continuar en esta área de la ciencia. Del mismo modo, al profesor Lindemberg Lemos, por invitarme a participar en numerosas charlas y debates realizados en escuelas de educación básica, donde tuve la oportunidad de debatir, aprender y divulgar los avances científicos en diversas áreas del conocimiento.

Mi agradecimiento al astrónomo aficionado de la GSS, Aluísio Andrade, por compartir con nosotros su entusiasmo por la astronomía y por cederme en varias ocasiones su telescopio para realizar mis observaciones astronómicas. Del mismo modo, al profesor Werton Costa, el "hombre del tiempo", por compartir sus conocimientos y por animarme en este camino científico. De manera similar, al profesor Irapuan hijo, que contribuyó de manera inmensurable con las ideas abordadas en este libro durante las muchas transmisiones en vivo que realizamos juntos en las redes sociales.

Debo agradecer infinitamente a todos mis colegas y ex-colegas del Programa Ciudad Olímpica Educacional, por la oportunidad de vivir la experiencia de trabajar con astronomía en la educación básica, así como participar en diversos proyectos, incluida la orientación del equipo ganador del Norte y Nordeste en la Olimpiada Brasileña de Satélites, especialmente a las profesoras Valdete Silva, Maria do Desterro, Francisca Regina y Elinalva Barbosa y al profesor Carlos André, por siempre animarme y contribuir con la discusión de algunas ideas abordadas en este libro.

Mi agradecimiento también va para mis amigas, Valeria Noronha, por sus grandes contribuciones en la divulgación de mis proyectos científicos, Aline D. Souza por las sugerencias realizadas en el texto del libro, Tabita Moraes y Luísa Santos por la colaboración en diversos proyectos y al equipo de Ep.Spacebr, en la persona de Heugenio Preza y Davi Souza, por la oportunidad que recibí para ser el redactor jefe de la revista Ciencia, Espacio y Tecnología.

No puedo olvidar a dos grandes amigos, el físico teórico Manel Rosa Martins, por sus grandes contribuciones con sus charlas y debates científicos en los diversos eventos organizados por la GSS, y al profesor Adriano Aubert S. Barros, del observatorio astronómico Genival Leite Lima, de Alagoas, por la oportunidad de escribir mis textos sobre exploración espacial para la revista ROAGLL.

Finalmente, mi mayor agradecimiento es para ustedes, mis queridos lectores, por su interés en esta obra y por compartir mi pasión por la ciencia y su importancia para la humanidad.

Edwar Montenegro
Teresina - 2023

Capítulo I

Los científicos y la ciencia

La ciencia es una serie de sentencias, infinitamente revisados.

Pierre Émile Duclaux

La ciencia es mucho más que un conjunto de hechos y
leyes; es una trepidante aventura en busca de la verdad.

Carl Sagan

*N*ací y viví hasta mis 15 años en un lugar donde no había carreteras, agua corriente, electricidad ni bibliotecas, razón por la cual sería innecesario describir otras características relacionadas con la vida diaria en ese lugar. Sin embargo, haciendo un viaje a mi pasado y realizando un escrutinio de toda la información archivada cuidadosamente en mi cerebro, puedo ver que, desde el momento en que tuve la capacidad de almacenar mis sueños y deseos, siempre tuve una voluntad inexplicable de entender cómo funciona el universo.// Así, a los seis años de edad, cuando comencé a asistir a la pequeña escuela de mi comunidad, un día, mientras revisaba una vieja estantería, descubrí un libro antiguo y polvoriento que hablaba de la existencia de otros ocho planetas y que, junto con la Tierra, formaban algo llamado Sistema Solar[1]. Desde ese día no podía dejar de pensar ¿cómo las personas que escribieron ese libro tenían tanta seguridad de aquello? ¿Cómo hacían para saber de la existencia de esos planetas? ¿Qué otras cosas podrían saber esas personas? Y, además, ¿cómo podría yo llegar a ser una de esas personas? Con esos pensamientos vagando por cada neurona de mi cerebro, pasé el resto de los años en la escuela primaria, agravado por tener que lidiar con una amenaza creciente, que parecía ser el tema más comentado entre los habitantes de mi pequeño pueblo. Por aquel-

---

[1]En aquella época Plutón aún era considerado un planeta. Fue sólo en el año 2006, que la Unión Internacional de Astronomía con la **RESOLUCIÓN B5**, que habla sobre "Definición de un planeta en el sistema solar" hizo una nueva clasificación de los cuerpos del Sistema Solar, con la cual Plutón quedó definido en la categoría de planeta enano.

los años, parecía que todas las personas adultas que conocía creían y hablaban que en el año 2000 sería el fin del mundo.

Hasta que finalmente llegó ese día. Esperamos hasta la medianoche de la víspera del año 1999 al año 2000 y, aparentemente, nada sucedió, pasaron días, semanas, meses, terminó el año y nada extraordinario ocurrió. Este hecho me hizo pensar si serían confiables todas las cosas que leí en los libros sobre los planetas del Sistema Solar, o si esas personas también podrían estar equivocadas respecto a esa información.

Durante toda la educación primaria siempre obtuve las calificaciones más altas posibles en todas las materias disponibles en la escuela, también tuve la oportunidad de conocer a algunos profesores, pero nunca tuve la oportunidad de hablar con alguien sobre la diferencia entre aquellas personas que escribían sobre el fin del mundo y las que hablaban de la existencia de otros planetas en el Sistema Solar. Pero todo eso cambió un día. Desafortunadamente, no fue en la escuela, sino cuando viajé a la capital de mi país, para vivir en la casa de personas conocidas de mi familia. Aquí no sólo tenían electricidad en la casa, sino también televisión por cable, en la cual podía elegir algunos canales que transmitían documentales sobre ciencia y, viendo uno de ellos, descubrí que aquellas personas que estuvieron en mis pensamientos durante algunos años, eran llamadas "científicos".

En ese día tuve la plena convicción de que no importaban las cosas que tuviera que hacer o el lugar donde tuviera que ir, sería un científico. Nunca en mi vida tuve tanta certeza de algo, como del amor incondicional que siento por la ciencia, pues ella sería la única capaz de satisfacer aquel deseo de comprender cómo funciona el mundo, o al menos, intentar comprenderlo. Así, comencé la educación secundaria con las mismas dificultades de la educación primaria, pero con el agravante de estar lejos de mi familia. Sin embargo, siempre entendí que todo ese sacrificio formaría parte del camino que me llevaría a alcanzar mis sueños.

Pasé todos los años de la escuela secundaria un poco aislado. Parecía no haber muchas personas en la escuela interesadas en hablar sobre ciencia o que tuvieran sueños similares. Pero eso tampoco importaba, estaba dispuesto a hacer esta larga caminata, incluso si tenía que hacerlo solo, con la esperanza de algún día descubrir cómo convertirme en un científico. Fue solo en el último año de la escuela secundaria que conocí a una persona que pensaba de manera muy similar a mí, que tenía los mismos sueños y deseos de conocer el mundo.

Al comienzo de un año escolar, durante la escuela secundaria, cuando estaba en la misma sala que esta persona, que también quería ser un científico, surgió cierta rivalidad. Los dos queríamos obtener las calificaciones más altas en la clase. Poco después, nos convertimos en grandes amigos y pasamos casi todo el año hablando sobre ciencia, científicos y robots; a veces incluso con ganas de faltar a clases para leer libros sobre ciencia, pero como no podíamos hacer eso, en algunas clases nos quedábamos en la parte trasera de la sala hablando sobre experimentos y descubrimientos científicos. Fue en ese momento cuando escuché por primera vez el término agujero negro.

El simple término de agujero negro me llevó a un gran descubrimiento: la existencia de una rama de la ciencia llamada Física. Al saber que la Física era la ciencia que estudia el universo, sentí que había encontrado el camino correcto a seguir y, así, tomé la prueba de ingreso para el curso de Física. Logré ser aceptado y eso me llevó a crear muchos sueños y expectativas, de los cuales un gran porcentaje se vieron frustrados, quizás en parte por no comprender que la licenciatura es solo un curso básico y no una formación para ser científico.

A lo largo del tiempo que cursé la licenciatura en Física, enfrenté todos los desafíos posibles impuestos por la vida, incluida la muerte de mi padre y mi madre, entre otros. Sin embargo, ese amor por la ciencia que mencioné anteriormente sirvió como combustible para poder completar este curso.

A pesar de algunas expectativas frustradas, estoy agradecido a muchos profesores que durante la licenciatura me permitieron hablar y discutir sobre ciencia, y a los compañeros que conocí y que son mis grandes amigos hasta el día de hoy y socios en proyectos de divulgación científica. No puedo dejar de expresar mi gratitud a mi asesor que aceptó el desafío de guiar a un estudiante cuyo trabajo hablaba de nuevos mecanismos para colocar cargas útiles en el espacio.

Este trabajo, aunque simple, básicamente una revisión de la literatura, me mostró el camino para ser un científico y me hizo darme cuenta de que, aunque había dado mis primeros pasos hacia la realización de ese sueño de la infancia, el camino sería largo y tortuoso.

Ya en la posgraduación, a pesar de las limitaciones impuestas por la burocracia, tuve la suerte de ingresar en uno de los mejores programas y de realizar investigaciones científicas. Las cosas finalmente comenzaron a encajar perfectamente como piezas de un rompecabezas que había estado intentando armar durante casi tres décadas. A pesar de todos los contratiempos y dificultades que sufrí en este camino, mi pasión por la ciencia nunca cambió y, dentro de mis limitaciones, siempre mostré un amor profundo y una dedicación incansable por la búsqueda de la verdad y el conocimiento. Así, como muchas personas, enfrenté algunos desafíos y superé varios obstáculos en mi viaje, pero nunca perdí el entusiasmo por aquello en lo que creía.

Como científico, estoy solo al comienzo de mi viaje, pero ya siento mucha felicidad al comenzar lentamente a vivir ese deseo lleno de sueños de un niño que ni siquiera sabía que existía la palabra ciencia. Tal vez este deseo de ser científico, esta obstinación por el conocimiento y este anhelo de comprender el universo sea algo inexplicable, simplemente un deseo natural, tanto como el de vivir, tal vez sea el universo queriendo conocerse a sí mismo.

Me tomé la libertad de compartir con ustedes un poco de mi historia personal, con el objetivo de mostrar que trabajando duro, estudiando con pasión y perseverancia podemos convertir nuestros sueños en realidad. Incluso cuando las cosas parecen imposibles, podemos superar muchos obstáculos y enfrentar desafíos increíbles.

Cada vez que miro hacia atrás en mi vida, veo mi historia como un poderoso recordatorio de que no importa de dónde venimos o qué obstáculos enfrentamos, podemos alcanzar nuestros sueños con dedicación, esfuerzo y amor incondicional por la ciencia. El conocimiento es una fuerza poderosa que puede llevarnos más allá de nuestras limitaciones, transformar nuestras vidas y cambiar el mundo para mejor.

Por eso, el mensaje que me gustaría compartir con todos aquellos que tienen sueños similares es: nunca se rindan. Sean apasionados, comprometidos y perseverantes. Crean en sí mismos y en su potencial. Y, sobre todo, amen la ciencia y sus posibilidades. Con eso, pueden lograr grandes cosas y marcar una diferencia real en el mundo. Finalmente, me gustaría señalar que, intelectualmente, de alguna manera, no estuve solo en esta aventura. En estos últimos años, fui acompañado por cada palabra llena de conocimiento escrita por los científicos Carl Sagan y Richard Dawkins en sus decenas de libros y artículos publicados a lo largo de sus vidas, los cuales tuve el placer de pasar la última década de mi vida leyendo y releyendo.

¿Qué es un científico?

Los científicos son personas que dedican sus vidas a explorar el mundo natural y a entender cómo funcionan las cosas. Son curiosos, creativos y apasionados por descubrir la verdad sobre el universo y todo lo que hay en él.

Los científicos pasan años en la escuela, la universidad y el posgrado, aprendiendo todo lo que pueden sobre el mundo natural y las leyes de la física, la química y la biología. Y, incluso después de años de estudio, el aprendizaje no se detiene. Los científicos siguen aprendiendo y descubriendo cosas nuevas todos los días.

Todo este trabajo y dedicación es necesario para garantizar la supervivencia de la humanidad. Los científicos trabajan para resolver los desafíos que enfrentamos como especie, desde el cambio climático hasta las enfermedades y el hambre. Buscan maneras de ayudarnos a vivir mejor, más saludables y de manera más sostenible.

Los científicos trabajan para desarrollar nuevas tecnologías, para crear medicamentos más eficaces y para encontrar soluciones a problemas complejos. Y, a menudo, esto significa trabajar bajo condiciones difíciles y arriesgadas.

Pero, a pesar de todos los desafíos, los científicos siguen avanzando y marcando la diferencia. Nos muestran que, con perseverancia, dedicación y amor por la verdad, podemos descubrir cosas que cambian el mundo.

Entonces, queridos lectores, valoremos y apoyemos a nuestros científicos. Son los héroes silenciosos que trabajan incansablemente para garantizar nuestro futuro y la supervivencia de la humanidad. Cualquier persona puede convertirse en científico, no hay ninguna prohibición impuesta por las leyes de la naturaleza. Sin embargo, algunas estadísticas señalan que las personas más aptas para convertirse en científicos son aquellas con perfil investigativo, con resistencia a muchas horas sin dormir, con sentido crítico, curiosas y organizadas.

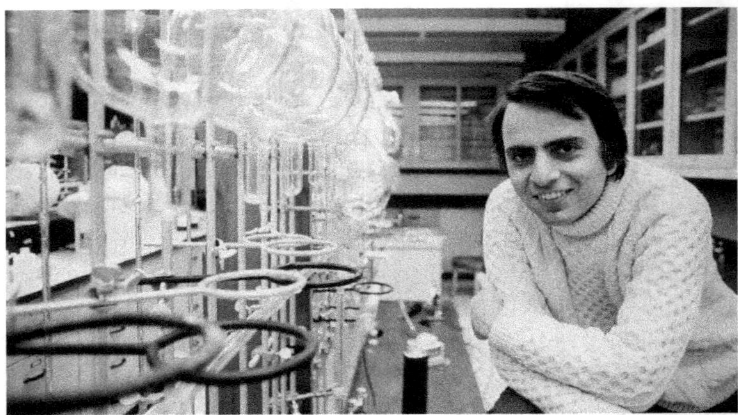

Figura I.1: Carl Sagan fue uno de los científicos más populares del siglo XX y es responsable de inspirar a miles de nuevos científicos en todo el mundo, incluso en la actualidad. Créditos: SANTI VISALLI INC., GETTY (Natgeo).

Los científicos tienen un alto rendimiento en lo académico y socio-emocional. Son profesionales talentosos, capaces de desempeñarse eficientemente en diversos roles, ya sea como investigadores, profesores, administradores, coordinadores de proyectos, expertos, consultores en organismos públicos, empresas privadas, entre otros. Son indispensables para el progreso y la supervivencia de la humanidad y siempre estarán en primera línea en todos los aspectos y áreas del conocimiento humano. Sin embargo, incluso con todas estas cualidades, siguen siendo humanos.

Tú y yo tenemos el privilegio de vivir en una época en la que todos pueden tener acceso al conocimiento sobre el universo. Sin embargo, no siempre fue así, muchos científicos que estaban en primera línea, expandiendo el conocimiento humano, sufrieron fuertes represalias, que implicaron la pérdida de sus libertades individuales e incluso de sus vidas. Debemos gratitud a la valentía y determinación de científicos como Giordano Bruno, Galileo Galilei y Immanuel Kant, por su heroísmo al cuestionar las creencias de antaño. El legado que dejaron sirvió de base para que las siguientes generaciones de científicos pusieran a la humanidad en el lugar donde se encuentra hoy.

Como habrás notado, desde tiempos inmemoriales, los científicos han sido los exploradores de la humanidad, comprometidos en desentrañar los secretos del universo y comprender la naturaleza que nos rodea. Son los guardianes de la curiosidad y la búsqueda del conocimiento, y a través de sus descubrimientos, cambian la forma en que vemos el mundo e influyen en nuestra sociedad.

¿Los científicos también son personas?

Esta pregunta siempre se hace en tono de broma. Pero la respuesta es sí, a diferencia de lo que estamos acostumbrados a escuchar, que los científicos son "locos"u otros adjetivos. Los científicos son personas como tú y yo, o cualquier otra. Los científicos son seres humanos como los otros miles de millones que existen en este planeta, con sus propios sueños, pasiones, miedos y esperanzas.

Los científicos también aman, ríen y, a veces, incluso pueden llorar. Sin embargo, por encima de todo, siempre buscan comprender el universo y nuestra propia existencia. No hay nada de inhumano en ser un científico, es simplemente otra forma de explorar e involucrarse con el mundo que nos rodea.

Al igual que todas las demás personas, los científicos tienen sus pro-

Figura I.2: Stephen Hawking es un ejemplo de que el amor por la ciencia hace superar todas las dificultades impuestas por la vida. En esta foto podemos verlo en su oficina en el departamento de matemáticas aplicadas y física teórica de la Universidad de Cambridge en 2005. Créditos: Murdo Macleod/The Guardian

pias personalidades, historias personales y motivaciones. Algunos científicos trabajan en equipo, mientras que otros prefieren trabajar solos. Algunos son más metódicos y minuciosos, mientras que otros son más intuitivos y creativos.

Además de dejar sus contribuciones al avance del conocimiento científico, muchos científicos también tienen intereses y actividades fuera de la ciencia. Algunos son profesores, deportistas, artistas, músicos, escritores, padres, madres, esposos(as) y "amos de casa". Muchos también están comprometidos con causas sociales y políticas, y utilizan su plataforma para promover cambios positivos en el mundo.

En resumen, los científicos también son seres humanos sujetos a los mismos desafíos y dificultades que todas las demás personas enfrentan. No son inmunes a errores o fallas. La ciencia es un proceso continuo y evolutivo, y los científicos trabajan constantemente para mejorar y perfeccionar sus conocimientos y comprensión del mundo.

La neutralidad de los científicos y la influencia de las autoridades

Un tema muy importante a mencionar es sobre la neutralidad de los científicos y su importancia para la integridad de la ciencia.

La ciencia es una búsqueda constante de la verdad, por la comprensión del universo y de nuestro lugar en él. Es importante que los científicos mantengan la neutralidad en su trabajo sin ser influenciados por ideas políticas o personales. Desafortunadamente, en ocasiones las autoridades tienen influencia sobre la ciencia y los científicos, especialmente cuando se trata de financiamiento o de desarrollo de tecnologías.

Por ejemplo, durante la Segunda Guerra Mundial, muchos científicos fueron convocados por los gobiernos para participar en proyectos de desarrollo de armas, como el proyecto Manhattan. Aunque se desarrollaron armas tecnológicas de destrucción masiva como la bomba atómica, esto no fue por elección de los científicos, sino por intervención de los gobiernos.

La neutralidad de los científicos es crucial para garantizar la integridad de la ciencia y la búsqueda de la verdad. Esto significa que los científicos no deben tener un lado político o ideas personales que puedan influir en sus hallazgos y conclusiones. La ciencia debe ser una búsqueda constante de la verdad, siempre con la mente abierta y dispuesta a cambiar frente a nuevos hechos y descubrimientos.

Pero, ¿cómo podemos garantizar la neutralidad de los científicos? En primer lugar, debemos reconocer que todos nosotros, seres humanos, somos influenciados por nuestras creencias e ideas. Por eso, es importante que los científicos sean conscientes de sus propias creencias y busquen mantenerlas separadas de sus hallazgos y conclusiones científicas. Además, es importante que la ciencia sea financiada de forma imparcial e independiente, sin ser influenciada por intereses políticos o económicos.

Finalmente, quiero destacar que la neutralidad de los científicos no significa apatía o falta de opinión. Los científicos pueden tener opiniones fuertes y participar activamente en la vida política y social, pero deben separar esas opiniones de sus descubrimientos.

Científicos, profesores y divulgadores científicos

Cada uno de estos grupos tiene roles importantes y únicos en la popularización de la ciencia y en la difusión del conocimiento, y es válido entender las diferencias entre ellos.

Comencemos con los científicos. Los científicos son profesionales que dedican sus vidas a la investigación y la búsqueda del conocimiento. Trabajan en laboratorios, universidades e instituciones de investigación, realizando experimentos, recolectando datos y analizando resultados. Los científicos son responsables de lograr avances significativos en nuestra comprensión del universo y de la vida, y sus descubrimientos a menudo se publican en revistas científicas.

Los profesores son otro grupo importante en la popularización de la ciencia. Enseñan a los estudiantes en las aulas, transmitiendo conocimientos e inspirando a la próxima generación de científicos y divulgadores científicos. Además de enseñar los conceptos básicos, los profesores también pueden ser influyentes en la forma en que los estudiantes piensan acerca de la ciencia y la investigación.

Por último, tenemos a los divulgadores científicos. Estos profesionales tienen como objetivo hacer que la ciencia sea accesible y comprensible para el público en general. Utilizan una variedad de medios, incluyendo libros, artículos, conferencias y programas de televisión, para explicar conceptos científicos complejos de manera clara y accesible. Los divulgadores científicos son especialmente importantes en las redes sociales, donde pueden llegar a un público amplio y diverso con sus mensajes a través de videos más detallados o incluso de sus *reels* o *stories*.

Cada uno de estos grupos tiene roles importantes y únicos en la popularización de la ciencia y en la difusión del conocimiento, y es importante reconocer las diferencias entre ellos. Los científicos llevan a cabo la investigación y hacen avances significativos en nuestra comprensión del universo. Los profesores enseñan a la próxima generación de científicos y divulgadores científicos. Y los divulgadores científicos hacen que la ciencia sea accesible y comprensible para el público en general.

Pero, a pesar de estas diferencias, todos estos grupos comparten un objetivo común: popularizar la ciencia y hacerla accesible para todos. La ciencia es una parte fundamental de nuestra sociedad y debe ser compartida y comprendida por todos, independientemente de la formación o experiencia profesional.

Es importante destacar que la colaboración entre estos tres grupos puede ser extremadamente valiosa. Los científicos pueden trabajar con profesores y divulgadores científicos para explicar sus hallazgos y hacerlos comprensibles para el público en general. Los profesores pueden utilizar los avances científicos en sus clases y transmitir esa información a sus estudiantes. Y los divulgadores científicos pueden utilizar sus habilidades de comunicación para transmitir información precisa y actualizada sobre la ciencia al público.

Para que esto sea posible, primero los científicos publican sus resultados en revistas especializadas, también conocidas como revistas científicas. Estas revistas son publicadas por editoriales profesionales y son revisadas por pares (*peer review*), lo que significa que los artículos son evaluados por otros científicos expertos en el área antes de ser aceptados para su publicación.

¿Pueden los científicos tener éxito?

Ser "exitoso" en la vida es el deseo de casi todos los seres humanos, y es uno de los factores que más influyen a la hora de elegir qué profesión seguir en la vida. Pero si tu duda sobre los científicos es esa, ¡la respuesta también es sí! Los científicos pueden tener éxito en varios aspectos, como en la realización de investigaciones innovadoras, descubrimiento de nuevos conocimientos y contribución a la sociedad a través de aplicaciones prácticas de sus hallazgos.

El éxito de un científico también puede medirse por su capacidad para obtener financiamiento para sus investigaciones, publicar en revistas científicas de alto impacto y ser reconocido por la comunidad científica.

Algunos científicos pueden tener éxito financiero a través de patentes, licenciamiento de tecnología o fundación de sus propias empresas, basadas en sus descubrimientos científicos. Otros científicos pueden no tener tanto éxito financiero, pero aún así pueden contribuir significativamente al avance del conocimiento científico. n general, la remuneración de los científicos puede ser menor en comparación con otras profesiones similares, pero la verdadera recompensa puede ser el impacto de sus descubrimientos en la sociedad y el conocimiento adquirido, además de la inmortalidad de su nombre en los libros de historia y de ciencia, escritos en las próximas generaciones.

Figura I.3: El Premio Nobel de Física 2022 fue otorgado conjuntamente a Alain Aspect (izquierda), John F. Clauser (centro) y Anton Zeilinger (derecha) por experimentos con fotones enredados, estableciendo la violación de las desigualdades de Bell y siendo pioneros en la ciencia de la información cuántica. Créditos: Divulgación del Premio Nobel (Nobelprize.org)

Algunos científicos se han vuelto conocidos por su trabajo y sus opiniones, y pueden tener una gran influencia en la sociedad. Algunos ejemplos recientes incluyen científicos que se convirtieron en "estrellas"a través de sus apariciones en programas de televisión, charlas populares y participaciones activas en las redes sociales.

Utilizan esta atención para promover la ciencia y educar al público sobre cuestiones científicas importantes. Sin embargo, es importante destacar que estos científicos "pop star"son una minoría y la mayoría de los científicos trabajan en laboratorios y universidades, realizando investigaciones y publicando artículos científicos, sin llegar a ser tan conocidos por el gran público.

Un parámetro que determina que un científico ha llegado a la cima de su carrera es ganar un Premio Nobel, ya que es uno de los reconocimientos científicos más prestigiosos del mundo, y muchos científicos han sido premiados por sus contribuciones a la ciencia. El premio se otorga anualmente en seis categorías: Física, Química, Medicina o Fisiología, Literatura, Paz y Economía.

Científicos de todo el mundo pueden ser nominados para el premio y los ganadores son elegidos por comités especiales de cada categoría. Recibir el Premio Nobel es considerado un gran reconocimiento de la comunidad científica y puede tener un impacto significativo en la carrera de un científico.

Para que conozcas más sobre las ventajas para un científico que gana el Premio Nobel, enumeraré algunas de las principales:

-Reconocimiento: Ganar el Premio Nobel se considera el reconocimiento más alto en su área de estudio, y esto puede aumentar significativamente la visibilidad y la credibilidad de un científico.

-Prestigio: Los ganadores del Premio Nobel son considerados entre los más grandes científicos de la actualidad, y esto puede ayudar a establecer la posición de un científico como líder en su área.

-Financiamiento: Ganar el Premio Nobel puede aumentar las posibilidades de un científico para obtener financiamiento para sus investigaciones futuras.

- Impacto: El Premio Nobel puede ayudar a destacar las contribuciones de un científico a la ciencia y a la sociedad, lo que puede tener un impacto significativo en cómo sus descubrimientos son percibidos y utilizados.

-Valor financiero: El Premio Nobel va acompañado de una suma de dinero considerable, que puede ser utilizada para financiar la continuidad de los estudios del ganador u otras necesidades personales.

Clases de científicos

Así como en otras áreas, hay muchos tipos de científicos, cada uno con habilidades y conocimientos únicos. Algunos de los tipos más comunes incluyen Biólogos, que son los científicos que estudian la vida y sus procesos, incluyendo organismos, seres vivos, su estructura, función y evolución, y en esta misma categoría encajan los astrobiólogos que estudian la posibilidad de vida fuera de la Tierra. También existen los científicos que son Químicos - Personalmente tengo algunos amigos en esta área - que son los científicos que estudian la composición, la estructura y las propiedades de la materia y sus reacciones químicas.

Algunos de los científicos más populares a lo largo del último milenio son los Físicos, que son profesionales que dedican sus vidas a estudiar la naturaleza y las leyes del universo, incluyendo la mecánica, la energía, la materia y la radiación. No puedo olvidar mencionar a los Geólogos, que estudian la Tierra, incluyendo su estructura, composición, historia y procesos geológicos.

En la actualidad, algunos de los científicos más populares en las redes sociales incluyen a los Astrónomos, que son científicos dedicados a estudiar los cuerpos celestes, incluyendo planetas, estrellas, galaxias y la evolución del universo.

Estos son solo algunos ejemplos de tipos de científicos. Existen muchos otros campos de estudio, cada uno con su propio enfoque para resolver problemas y comprender el mundo, y aún es posible clasificar a los científicos en dos grandes grupos: Teóricos y Experimentales.

Los científicos teóricos son aquellos que utilizan modelos matemáticos, simulaciones y otras teorías para comprender el funcionamiento del universo y para explicar fenómenos naturales. No realizan experimentos directamente, pero utilizan sus modelos para hacer predicciones sobre el comportamiento de sistemas físicos, biológicos y otros.

Por otro lado, los científicos experimentales son aquellos que realizan experimentos y recopilan datos para probar teorías e hipótesis. Trabajan en laboratorios, recolectan muestras y realizan mediciones precisas para verificar si las predicciones teóricas corresponden a los resultados observados. Utilizan tanto teorías ya establecidas como nuevas para explicar sus resultados y formular nuevas hipótesis.

En el pasado, los científicos experimentales estaban en la vanguardia ampliando las fronteras del conocimiento humano. A menudo se realizaban los experimentos y a partir de los datos encontrados se formulaban las teorías. Sin embargo, en la actualidad los científicos teóricos están muy por delante de los científicos experimentales y sería muy raro que un científico actual fuera al laboratorio para realizar un experimento sin una base teórica.

A pesar de estas pequeñas diferencias, en la actualidad los científicos teóricos y experimentales trabajan juntos para desarrollar una comprensión más completa del universo y sus procesos. Mientras que los científicos teóricos proporcionan una visión teórica de los fenómenos, los científicos experimentales proporcionan datos concretos para verificar y validar las teorías. Ambos tipos de científicos trabajan en conjunto, complementando sus enfoques y conocimientos, para obtener una comprensión más completa del universo y sus procesos.

¿Los científicos son confiables?

En las páginas anteriores mencioné que, cuando era niño, me surgieron algunas dudas acerca de la confiabilidad de los científicos. Esta inquietud se generó por desconocer los métodos y procesos que los científicos utilizan para llevar a cabo sus descubrimientos, y creo que, por la misma razón, algunas personas tienen sus desconfianzas respecto a la ciencia y los científicos. Pero, respondiendo a la pregunta: Sí, los científicos son confiables.

En estas próximas líneas, justificaré el porqué. Los científicos son los mayores defensores de la verdad y la integridad intelectual. Están comprometidos con el método científico y con el proceso riguroso de probar y validar teorías mediante la recopilación y el análisis de datos. La ciencia es una red interconectada de conocimiento que se construye a lo largo del tiempo, con cada nuevo descubrimiento siendo probado y revisado por sus pares.

La confiabilidad de los científicos se mantiene mediante una cultura de transparencia y honestidad, en la que todos son incentivados a compartir sus descubrimientos y resultados para que otros puedan probarlos. Además, la ciencia se revisa y actualiza constantemente a medida que se recopilan nuevos datos y se desarrollan nuevas teorías.

Por lo tanto, podemos confiar en la ciencia y los científicos para que nos proporcionen la mejor información e ideas sobre el mundo que nos rodea. Son los guardianes de la verdad y la luz de la razón, siempre buscando la comprensión y la sabiduría a lo largo de sus viajes científicos.

Los nuevos descubrimientos realizados por científicos suelen someterse a revisión por pares para garantizar su precisión y validez. Sin embargo, como en cualquier campo, hay excepciones y rara vez hay casos de fraude científico. Para minimizar al máximo este problema, la comunidad científica trabaja constantemente para identificar y corregir errores y engaños, para garantizar que la ciencia sea lo más precisa posible. El conocimiento científico es una herramienta desarrollada a un costo muy alto por la humanidad y ha llevado decenas de generaciones llegar al estado actual. Esta herramienta fue desarrollada con el único propósito de describir la naturaleza y los científicos tienen un profundo respeto por ella. Por lo tanto, los científicos son profesionales confiables y cuando anuncian un nuevo descubrimiento, ten por seguro que antes de eso, fue probado repetidas veces para garantizar la veracidad de los resultados.

Después de todo, si los científicos no fueran confiables para informar honestamente los resultados de sus trabajos, inventaran datos para presentarlos como resultados de mediciones reales y alteraran los resultados para hacerlos parecer mejores, ¿cómo podríamos con-

Figura I.4: El gato de Schrödinger es una metáfora utilizada en la física cuántica para explicar el paradoja de la superposición. La idea es que un gato puede estar simultáneamente vivo y muerto, al mismo tiempo, hasta que sea observado.

fiar en la ciencia para producir conocimiento genuino?

Una vez, un famoso científico en el campo de la Física Cuántica, llamado Erwin Schrödinger - si aún no lo conoces, quizás ya hayas oído hablar al menos de su gato mostrado en la figura I.4.[2] En fin, este brillante científico habría dicho una vez que toda la ciencia presupone la verdad de la "hipótesis de que la exhibición de la Naturaleza puede ser comprendida". Eso parece cierto. Después de todo, si la Naturaleza/el mundo a nuestro alrededor no pudiera ser entendido

---

[2] El Gato de Schrödinger es un experimento mental, a menudo descrito como un paradoja, desarrollado por el físico austriaco Erwin Schrödinger en 1935. El experimento busca ilustrar la interpretación de Copenhague de la mecánica cuántica, imaginándola aplicada a objetos cotidianos. En el ejemplo, hay un gato encerrado en una caja, de manera que no solo está vivo o muerto, sino en una superposición de estos dos estados.

(al menos a un nivel superficial), no habría ciencia y ninguna razón para participar en actividades científicas.

¿Qué es la ciencia?

La ciencia es un enfoque sistemático para comprender y explicar el mundo que nos rodea. Es una herramienta poderosa para desentrañar los secretos del universo, la naturaleza y la humanidad. La ciencia busca responder nuestras preguntas sobre cómo funcionan las cosas y por qué son de la forma en que son, utilizando métodos rigurosos y verificables. La ciencia es una emocionante búsqueda para entender la realidad que nos rodea, desde la naturaleza de los planetas hasta los secretos de la vida y la conciencia, y no se trata solo de hechos y cifras, sino también de preguntas profundas y una búsqueda constante de conocimiento.

La ciencia no teme cambiar de opinión a medida que se realizan nuevos descubrimientos. Por el contrario, esto es lo que la hace tan poderosa y confiable. Siempre buscamos las respuestas más precisas y verificables, y los científicos no dudan en cambiar de dirección si las evidencias lo requieren.

Siempre defenderé la ciencia, porque es el logro más importante de la humanidad, ya que, gracias a ella, podemos comprender mejor el universo y, en consecuencia, a nosotros mismos. La ciencia nos ofrece una visión clara y objetiva de la realidad y nos permite tomar decisiones informadas sobre el futuro.

Todos los avances tecnológicos en todas las áreas y todo lo que sabemos hoy sobre el universo es gracias a la ciencia. Cuando hablo del universo, me refiero a las galaxias, agujeros negros, estrellas, planetas, personas, plantas, neuronas, órganos, átomos, internet de alta velocidad, fibra óptica, antibióticos, computadoras, robots, alimentos modificados genéticamente y muchas otras cosas. Todo lo que puedes ver a tu alrededor, incluyendo algunos animales y plantas, tiene una intervención directa o indirecta de la ciencia. Si somos más rigurosos, incluso gran parte de las personas ya han tenido intervención directa de la ciencia. En mi caso, uso gafas para ver mejor y tengo tres tornillos en el hombro izquierdo también.

La ciencia es un proceso sistemático de recolección, registro e interpretación de información. Se basa en métodos objetivos y verificables, que incluyen experimentos, observaciones y análisis estadísticos. El objetivo de la ciencia es comprender el mundo natural y explicar los fenómenos que ocurren en él. La ciencia se divide en varias disciplinas, incluyendo Física, Química, Biología, Medicina, Geología, Astronomía, entre otras. Cada disciplina tiene sus propios métodos y técnicas para investigar y entender el mundo natural.

La ciencia también es un proceso continuo, lo que significa que las teorías y conocimientos científicos se revisan y actualizan constantemente a medida que se realizan nuevos hallazgos y descubrimientos. La ciencia también se basa en la comunicación y el debate, donde las ideas son compartidas y evaluadas por pares.

Además de proporcionar entendimiento sobre el mundo natural, la ciencia también tiene muchas aplicaciones prácticas, como la tecnología, la medicina, la ingeniería y la agricultura, entre otras. La ciencia y la tecnología son fundamentales para el desarrollo y el progreso humano. La ciencia es esencial para mejorar nuestra calidad de vida, impulsar la innovación y resolver problemas complejos en diversas áreas, como la salud, el medio ambiente, la economía y la sociedad en general. A través de la ciencia, hemos desarrollado una amplia variedad de tecnologías y avances que han permitido un mayor bienestar, una mayor esperanza de vida y un mejor conocimiento del mundo que nos rodea. En resumen, la ciencia es una fuerza impulsora clave para el progreso humano y el desarrollo sostenible.

¿Qué es el método científico?

El método científico es una herramienta esencial para el avance de la ciencia y nuestra comprensión del mundo que nos rodea.
El método científico es un proceso sistemático y organizado que utilizan los científicos para investigar fenómenos naturales y desarrollar teorías sobre cómo funciona el mundo. Aunque existen muchas variaciones y adaptaciones del método científico, la mayoría de los científicos siguen una estructura básica de pasos.
- El primer paso del método científico es la observación. Los científicos utilizan sus sentidos para recopilar datos sobre un fenómeno natural y, a menudo, emplean herramientas e instrumentos para ayudarles a recopilar información más precisa. Por ejemplo, un astrónomo puede usar un telescopio para observar las estrellas y recopilar información sobre su color y brillo.

- El segundo paso es la formulación de una hipótesis. Basándose en las observaciones, los científicos desarrollan una explicación provisional para el fenómeno natural. Por ejemplo, un astrónomo puede formular una hipótesis sobre la causa del aumento del brillo de una estrella. - El tercer paso es la realización de experimentos y la recolección de datos. Los científicos diseñan experimentos para poner a prueba sus hipótesis y recopilan datos que pueden confirmar o refutar sus ideas. Por ejemplo, el astrónomo puede recopilar datos de varias estrellas para comparar su luminosidad.

- El cuarto paso es el análisis de los datos. Los científicos analizan los datos recopilados para determinar si sus hipótesis son respaldadas o refutadas. Si las hipótesis son respaldadas por los datos, los científicos pueden utilizar esa información para desarrollar teorías más amplias sobre el fenómeno natural. Por otro lado, si las hipótesis son refutadas, los científicos deben revisarlas y desarrollar nuevas ideas para explicar los datos.

- El último paso del método científico es la comunicación de los resultados. Los científicos deben comunicar sus hallazgos y teorías a la comunidad científica y al público en general. La comunicación es esencial para el avance de la ciencia y para permitir que otros científicos verifiquen y prueben los descubrimientos.

El método científico es importante porque proporciona una estructura para la investigación científica. Ayuda a los científicos a evitar sesgos personales y a desarrollar explicaciones objetivas para los fenómenos naturales. Además, el método científico es un proceso continuo que permite a los científicos revisar y perfeccionar sus teorías basándose en nuevas evidencias.

A pesar de la importancia del método científico, muchas personas no lo entienden completamente. En la educación básica, el método científico a menudo se enseña de manera superficial y no está completamente integrado en el currículo. Además, muchas personas no comprenden cómo el método científico puede aplicarse en sus vidas cotidianas. De esta manera, la ciencia puede parecer distante e inaccesible, lo que puede generar desconfianza en relación con los resultados.

¿La ciencia es un esfuerzo colectivo?

¡Sí! La ciencia es un esfuerzo colectivo. Es mediante la cooperación, el intercambio de ideas y el trabajo en equipo que la ciencia logra avances significativos y llega a conclusiones precisas. En la ciencia, no hay lugar para el egoísmo o la competencia excesiva. En cambio, los científicos trabajan juntos, comparten sus hallazgos y construyen una comprensión cada vez más profunda de la realidad. Esta colaboración es esencial para superar obstáculos, probar hipótesis y evaluar resultados.

Además, la ciencia es un esfuerzo colectivo porque depende de la contribución de muchos para tener éxito. Desde la recolección de datos, el desarrollo de teorías y modelos, hasta la difusión de resultados y la implementación de soluciones, la ciencia es un trabajo en equipo.

En resumen, diría que la ciencia es una de las más bellas expresiones de la cooperación humana y la búsqueda del conocimiento. Es a través de la ciencia que nosotros, como seres humanos, expandimos nuestra comprensión del universo y de nosotros mismos, y es por eso que la ciencia es, ante todo, un esfuerzo colectivo.

Los científicos comparten sus descubrimientos y conclusiones con otros científicos mediante publicaciones y presentaciones en conferencias, permitiendo que otros investigadores revisen y evalúen sus trabajos. Esta revisión por pares es esencial para garantizar la validez y la confiabilidad de los hallazgos científicos, como se mencionó anteriormente.

La colaboración y el intercambio de información también permiten a los científicos aprovechar las habilidades y recursos de otros investigadores, lo que aumenta la eficacia de la investigación y permite a los científicos abordar problemas más complejos. También existe colaboración entre diversos laboratorios, debido a que algunos laboratorios no tienen todos los equipos necesarios para llevar a cabo un experimento, lo que también reduce los costos económicos en las investigaciones.

La investigación científica contemporánea, especialmente en la mayoría de las disciplinas STEM o STEAM, es masivamente colaborativa. Esto es algo que se puede observar fácilmente al visitar y conocer los equipos de proyectos de investigación llevados a cabo en universidades o incluso proyectos simples realizados en escuelas para ferias de ciencia. Actualmente, los equipos de investigadores parecen típicamente deportivos, en los cuales están involucrados técnicos y estudiantes en proyectos. Estos equipos pueden formar parte de colaboraciones más amplias con personas en otros departamentos o en otras universidades.

La naturaleza de la ciencia es colaborativa y esto se muestra claramente en los registros oficiales de publicaciones en revistas revisadas por pares, en las cuales el promedio es de 3 a 5 autores por artículo. Sin embargo, a veces algunos artículos tienen más de mil autores, como por ejemplo un artículo publicado en 2015 sobre física de partículas, producido por científicos de todo el mundo colaborando con los equipos que operan el Gran Colisionador de Hadrones (LHC) en el CERN en Suiza, que ostenta el récord de mayor número de autores en un solo artículo con un total de 5.154 autores. Estos ejemplos demuestran que la ciencia se ha vuelto cada vez más colaborativa a lo largo de las últimas décadas, pero también es importante señalar que reflejan uno de los aspectos menos edificantes de la ciencia contemporánea. La cantidad y la calidad (percibida) de las publicaciones pueden impulsar o frenar carreras académicas. Los científicos tienen un fuerte incentivo para obtener el máximo que puedan.

Los investigadores generalmente se especializan en solo una subdisciplina. En consecuencia, los proyectos que trascienden los límites de las subdisciplinas requieren más de un investigador. Cosmólogos que estudian galaxias distantes, estrellas o planetas, por ejemplo, colaboran con físicos que trabajan en física atómica, molecular y óptica para descubrir cómo construir telescopios y entender los datos recopilados por ellos. En todos estos casos, entonces, adquirir conocimiento científico involucra recursos más allá de las capacidades

Figura I.5: La exploración espacial es un claro ejemplo de emprendimiento científico colectivo, en el que trabajan miles de científicos de diferentes áreas del conocimiento. En esta foto podemos ver a miembros del equipo del Perseverance Mars Rover en la sala de control de la misión en el Laboratorio de Propulsión a Chorro de la NASA mientras las primeras imágenes llegan momentos después de que la nave espacial aterrizara con éxito en Marte, el jueves 18 de febrero de 2021. Crédito de la imagen: NASA/Bill Ingalls.

de cualquier individuo. El trabajo en equipo es cognitivamente necesario.

¿Es posible medir el conocimiento de los científicos?

Esta es una pregunta que pocas personas hacen o aquellos ajenos al universo de la ciencia nunca han pensado en hacer. Sin embargo, siendo el conocimiento científico la base más importante que sustenta nuestra sociedad, existen instrumentos eficaces para medirlo. Obviamente, no todos los científicos tienen conocimientos igualmente importantes, y no todos los científicos son igualmente buenos científicos.

Cuando los laboratorios deciden qué científicos contratar, qué revistas adquirir para una biblioteca o qué publicaciones leer, varios indicadores numéricos se utilizan a menudo para medir la calidad, el impacto o la relevancia del trabajo realizado por los científicos.

Existen algunas herramientas que sirven como indicadores para medir el conocimiento científico, como el índice h[3] y el Factor de Impacto[4] de la revista.

Existen varias otras formas de medir el conocimiento científico, incluyendo:

-Publicaciones científicas: El número y la calidad de las publicaciones científicas de un científico o grupo de científicos en revistas científicas respetadas es un indicador común de su conocimiento científico y contribución al avance del conocimiento.

-Patentes: El número de patentes registradas por un científico o empresa es un indicador de su conocimiento científico y capacidad de

---

[3]El índice h, o h-index, es una propuesta para cuantificar la productividad y el impacto de investigaciones individuales o en grupos basándose en los artículos (papers) más citados. Por ejemplo, un investigador con h=5 tiene 5 artículos publicados que recibieron 5 o más citas.

[4]El factor de impacto es un método bibliométrico para evaluar la importancia de las revistas científicas en sus respectivas áreas. Una medida que refleja el número promedio de citas de artículos científicos publicados en una revista específica.

transformar esa ciencia en tecnología aplicada.

-Premios científicos: Los científicos que reciben premios científicos reconocidos internacionalmente, como el Premio Nobel, son reconocidos como líderes en sus áreas de investigación y han contribuido significativamente al avance del conocimiento científico.

-Citas: El número de veces que un artículo científico es citado por otros investigadores es un indicador de la importancia e influencia de la investigación.

-Impacto: El impacto de la investigación en un área específica también puede medirse mediante el número de veces que se cita el artículo, así como su influencia en el campo.

-Experimentos y simulaciones: La capacidad de predecir con precisión el comportamiento de un fenómeno natural o sistema, mediante la realización de experimentos o simulaciones, se considera como una evidencia sólida del conocimiento científico.

Es importante destacar que estas medidas deben ser consideradas de manera acumulativa, ya que cada una de ellas proporciona una perspectiva diferente del conocimiento científico. Hoy en día, la mayoría de los países asignan una cantidad de su presupuesto estatal para la producción de nuevos conocimientos científicos y para la educación de las nuevas generaciones de científicos. A medida que la inversión pública en ciencia ha aumentado, políticos, contribuyentes, agencias y administradores se han interesado cada vez más en cómo se gastan los fondos asignados para la investigación y qué recibe la sociedad a cambio.

Al final, los avances en la ciencia, cuando se aplican en la práctica, significan más empleos, salarios más altos, jornadas más cortas, cosechas más abundantes, más tiempo libre para recreación, estudio y aprender a vivir sin el agotador trabajo que ha sido la carga del hombre común durante épocas pasadas.

Los avances de la ciencia también traerán estándares de vida más elevados, conducirán a la prevención o cura de enfermedades, promoverán la conservación de nuestros recursos naturales y asegurarán medios de defensa contra la agresión.

Como se mencionó anteriormente, las publicaciones individuales pueden ser identificadas por información bibliográfica y el número de citas de cada publicación puede ser contado. Sin embargo, dado que puede haber varios autores con nombres idénticos, es difícil identificar a los autores de manera única. En la mayoría de los casos, se pueden distinguir entre sí agregando como identificador la afiliación institucional, pero esto también requiere un procedimiento para rastrear los cambios de afiliación a medida que las personas cambian de trabajo. Antes de la era digital, esto podría ser un desafío, pero ahora servicios como ORCID (*Open Researcher and Contributor Identifier*) ofrecen soluciones para ambigüedades en la nomenclatura, asignando identificadores únicos a los autores.

Validez del conocimiento científico

Muchas personas se preguntan por qué creer en la ciencia. ¿Cómo saber la validez de las afirmaciones de los científicos? Me gustaría comenzar explicando que la ciencia se basa en hechos, no en pensamiento positivo, revelación o especulación. Los hechos son sistemáticamente recopilados por una comunidad de investigadores a través de la observación y experimentación. Estos hechos se utilizan para respaldar el resto de la ciencia, las leyes, teorías, modelos y demás; y es esta fundamentación en hechos lo que ha hecho de la ciencia la fuente de conocimiento más confiable que tenemos en la actualidad.

Por supuesto, el éxito de la ciencia involucra otros factores además de su fundamentación en hechos: una multitud de colaboradores altamente dedicados e imaginativos; una dosis embriagadora de genialidad; la voluntad de romper con las ideas del pasado; financiamientos generosos y apoyo social; la disponibilidad de matemáticas y otras herramientas tecnológicas; y otros factores también. Pero su fundamentación en hechos es universalmente considerada la más importante, el ingrediente absolutamente crucial e indispensable del éxito de la ciencia.

La validez del conocimiento científico es la medida en la que las teorías, hipótesis y conclusiones son consistentes con los datos y evidencias disponibles. La validez se logra a través del proceso científico, que incluye la recolección de datos, el análisis estadístico, la experimentación y la verificación mediante pruebas independientes.

La validez es importante para la ciencia, ya que garantiza que las teorías y conclusiones estén basadas en evidencias sólidas y no sean simplemente conjeturas u opiniones personales. Esto también permite que las teorías sean revisadas y mejoradas a medida que se disponga de nuevas evidencias.

Existen dos tipos de validez: la primera es la validez interna y se refiere a la posibilidad de que las evidencias recopiladas y los resultados obtenidos sean consistentes con las hipótesis y teorías evaluadas. La segunda es la validez externa y se refiere a la posibilidad de que los resultados obtenidos sean generalizables a otros grupos o situaciones.

La validez del conocimiento científico es una característica fundamental de la ciencia y se logra mediante el uso de métodos científicos rigurosos y la revisión crítica por parte de pares. Esto ayuda a garantizar que las teorías y conclusiones sean confiables y estén basadas en evidencias sólidas, que puedan ser replicadas y probadas por otros científicos, además de ser capaces de sobrevivir a todo tipo de críticas y pruebas experimentales.

Protocolos científicos y experimentación

Si has llegado hasta aquí y ya conoces un poco sobre los científicos y la ciencia, creí importante que sepas esto: los protocolos científicos son procedimientos detallados paso a paso que describen cómo llevar a cabo una investigación científica o experimento. Incluyen información sobre el objetivo de la investigación, los materiales y métodos utilizados, los pasos a seguir para recopilar y analizar datos y las estrategias de seguridad a seguir.

Los protocolos científicos son importantes porque garantizan que la investigación se realice de manera consistente y precisa, y que los resultados puedan ser replicados y comparados con otros estudios.

También ayudan a garantizar la seguridad del investigador y de los participantes, y proteger la integridad de los datos.

Existen varios tipos de protocolos científicos, incluyendo protocolos de investigación clínica, de ensayo de laboratorio y de recolección de datos. Se utilizan en diferentes disciplinas científicas, como medicina, biología, física y química.

Los protocolos científicos generalmente se escriben antes del inicio de la investigación y son revisados por pares antes de ser aprobados. También se revisan y actualizan con frecuencia a medida que se obtienen nuevos datos y descubrimientos.

La experimentación es casi un sinónimo de ciencia en la mente del público. En las escuelas, los niños aprenden sobre experimentos durante las clases. Menos popular es una "fórmula" llamada método científico y aprender que todo experimento debe llevarse a cabo en entornos controlados. Cada experimento nos enseña algo sobre una variable que produce el resultado experimental.

La ciencia no comprende solo experimentos, hay mucho más que eso. No podemos negar que la experimentación capta la imaginación popular como ningún otro aspecto de la ciencia, quizás debido a cómo se enfatiza durante los primeros años escolares.

También es importante saber que la ciencia y la invención están estrechamente relacionadas, ya que la ciencia proporciona el conocimiento y la comprensión de los principios fundamentales que permiten la invención de nuevas tecnologías. La invención, a su vez, aplica estos principios científicos para crear productos y procesos útiles para la sociedad. La ciencia es el estudio sistemático de la naturaleza, mientras que la invención es el proceso de crear algo nuevo o mejorar algo existente. Algunos ejemplos de cómo la ciencia y la invención están relacionadas incluyen:

La ciencia de la electricidad, que estudia los principios de los electrones y sus interacciones, permitió la invención de dispositivos eléctricos, como motores, generadores y lámparas eléctricas.

La ciencia de la informática, que estudia cómo las máquinas pueden procesar información, permitió la invención de computadoras y dispositivos electrónicos.

La ciencia de la genética, que estudia los genes y cómo controlan las características de los seres vivos, permitió la invención de técnicas para modificar el ADN de plantas y animales para mejorar sus características.

La ciencia y la invención trabajan juntas para desarrollar nuevas tecnologías y mejorar las existentes, y así contribuir al avance de la humanidad.

La ciencia es la magia de la realidad.

Pocas discusiones son más propensas a diferenciar a los científicos de otros profesionales que la cuestión de la realidad. La realidad es el mundo material y las leyes que lo gobiernan. Los científicos sólo se ocupan profesionalmente del mundo real - el mundo de la materia y ocasionalmente también antimateria, materia y energía oscura. Pero en general, los científicos estudian los átomos y las moléculas y cómo se configuran en la Tierra, en los seres vivos y en todos los fenómenos observables o potencialmente observables en el universo. Si cualquier sistema o ser inicialmente considerado inmaterial se manifiesta por los criterios de la ciencia, los científicos estarán felices de ampliar su universo de realidad. Por ejemplo, cuando la bioquímica resultó insuficiente para interpretar la estructura del gen y su función, dio paso a la biología molecular con las herramientas de los físicos. Pero cuando los científicos están estudiando algo tan distante como la Galaxia del Sombrero, algo tan pequeño como un quark, o algo que ya no existe como la atmósfera de la Tierra primitiva, recurren a modelos para probar lo que puede ser o no realidad. Los modelos son herramientas importantes para validar teorías científicas.

Estos modelos se construyen sobre la base de principios científicos conocidos y se utilizan para predecir cómo funcionará un sistema o proceso en determinadas condiciones. Los modelos pueden ser matemáticos, físicos, computacionales o de otros tipos, y se utilizan para probar y refinar teorías científicas. Existen varios tipos de modelos utilizados en la ciencia, incluyendo:

- Modelos matemáticos: se construyen con ecuaciones matemáticas que representan el comportamiento de un sistema o proceso. Se usan en áreas como la física, la química y la biología.

- Modelos físicos: se construyen con componentes físicos que simulan el comportamiento de un sistema o proceso. Se usan en áreas como la ingeniería y la aeronáutica.

- Modelos computacionales: se construyen con algoritmos y programas de ordenador que simulan el comportamiento de un sistema o proceso. Se usan en áreas como la meteorología y la modelización climática.

- Modelos de campo: se construyen mediante la observación y la medición de un sistema o proceso en condiciones naturales. Se usan en áreas como la ecología y la geología.

Los modelos se utilizan para probar y validar teorías científicas comparando las predicciones hechas por el modelo con los datos observacionales. Si las predicciones del modelo son consistentes con los datos observacionales, esto proporciona evidencia de apoyo para la teoría. Si las predicciones del modelo no concuerdan con los datos observacionales, esto puede sugerir que la teoría necesita ser ajustada o rechazada.

Este tema se aborda ampliamente en el libro "La Magia de la Realidad"de Richard Dawkins, en el que presenta el mensaje de que la realidad es increíblemente maravillosa y fascinante, y que la ciencia es la mejor herramienta para entenderla. El autor argumenta que la ciencia es la explicación más lógica y verificable para el mundo que nos rodea.

Capítulo II

Un universo en expansión

Creo que nuestro futuro depende de cuánto sepamos sobre este Cosmos en el cual flotamos como una partícula de polvo en un cielo matutino.

Carl Sagan.

Giramos alrededor del Sol como cualquier otro planeta.

Nicolau Copérnico.

*E*n menos de un milenio, nuestro universo ha evolucionado de ser solo un universo centrado en la Tierra a estar compuesto por billones de galaxias y aún con la posibilidad de ser solo uno entre muchos otros existentes.

Nuestro conocimiento sobre el universo ha estado creciendo exponencialmente en estos últimos tiempos, pero esto no es casualidad, sino porque muchos científicos han estado en la primera línea, trabajando en la expansión de dicho conocimiento.

Los científicos han desempeñado un papel fundamental en los descubrimientos sobre el universo a lo largo de la historia. A partir de observaciones y mediciones precisas, han construido teorías y modelos para explicar la naturaleza y el comportamiento del universo, desde los cuerpos celestes hasta la estructura y el origen del universo. Los antiguos griegos, como Ptolomeo y Aristarco, fueron los primeros en proponer teorías sobre la estructura del universo, pero fue solo en el siglo XVI con Nicolás Copérnico que se propuso la teoría heliocéntrica, poniendo al sol en el centro del sistema solar. Hoy esto parece algo tonto, pero en ese momento era algo radical, que significó el primer paso para romper las barreras que limitaban la mente humana en cuanto a la percepción del universo.

Otro científico que estuvo en la primera línea, en la misión de expandir el conocimiento sobre nuestro universo y obtuvo un gran protagonismo, fue Galileo Galilei, que en el siglo XVII utilizó el telescopio para estudiar los cuerpos celestes y apoyó la teoría heliocéntrica. Más tarde, en el siguiente siglo, otros dos brillantes científicos estarían en la primera línea, Johannes Kepler e Isaac Newton, quienes desarrollaron las leyes de la mecánica celeste que explicaban cómo los planetas se mueven alrededor del sol.

En los siglos XIX y XX, Planck, Einstein, Hubble, Hoyle, Gamow, Friedmann, Lemaître, entre otros científicos, fueron responsables de la teoría del Big Bang, una de las más importantes de la historia de la ciencia. Cada uno contribuyó de manera fundamental al desarrollo de esta teoría, que nos ayuda a comprender cómo comenzó el universo y cómo evolucionó a lo largo del tiempo. Sus nombres quedaron grabados en la historia de la ciencia y su trabajo sigue inspirando a nuevas generaciones de científicos en todo el mundo. Actualmente, los científicos utilizan telescopios, satélites y otras tecnologías avanzadas para estudiar el universo y continúan desentrañando sus misterios.

Nuestras coordenadas en el espacio y el tiempo

Mis queridos lectores, la Tierra es como nuestra "nave espacial"en un viaje a través del universo. La Tierra viaja en una trayectoria descrita por las leyes de Kepler y la fuerza gravitacional, orbitando alrededor de nuestro Sol, una estrella de categoría G, similar a la mayoría de las estrellas en la Vía Láctea. Estamos ubicados, aproximadamente, a 25,000 años luz del centro de la galaxia, protegidos por una nube de polvo y gas.

Pero es importante recordar que no estamos solo en una galaxia, sino en un universo de 13,7 mil millones de años. Nosotros, los humanos,

Figura II.1: La primera imagen de campo profundo tomada por el Telescopio Espacial James Webb, en la cual es posible ver un conjunto de galaxias. Créditos: NASA/ESA/CSA/STSCI.

nacimos aquí en la Tierra y es increíble pensar que hemos logrado descubrir nuestras coordenadas en el espacio y el tiempo.

El viaje humano para descubrir nuestras coordenadas en el espacio y el tiempo es una historia épica de curiosidad, perseverancia e imaginación. Desde Copérnico, quien propuso que el Sol es el centro del sistema solar, hasta el reciente descubrimiento de la materia y energía oscura, siempre hemos buscado entender nuestra posición en el universo.

Gracias al trabajo de los científicos, hemos descubierto que la Tierra gira alrededor del Sol y que nuestro sistema solar es solo una pequeña parte de una inmensa galaxia, conocida como Vía Láctea. Descubrimos que nuestra galaxia es solo una entre miles de millones y que todas las galaxias se alejan unas de otras como parte de la expansión del universo.

Pero no fue solo nuestra posición física en el universo lo que descubrimos, sino también que el universo tiene una estructura y que está gobernado por leyes precisas y elegantes de la física. Descubrimos la existencia de materia y energía oscura, una forma de materia que no interactúa con la luz y no puede ser detectada directamente, pero cuya presencia se revela por sus efectos gravitacionales.

Este viaje para entender nuestras coordenadas en el espacio y el tiempo es la historia de la humanidad tratando de comprender el universo. Es una historia de curiosidad insaciable, de personas con una pasión por el conocimiento y un deseo de descubrir lo que hay más allá de lo que podemos ver y sentir. Y, como siempre, el viaje continúa, con nuevas preguntas por responder y nuevas fronteras por explorar.

Al mismo tiempo, estos descubrimientos, traídos por la sistematización del conocimiento a lo largo de generaciones sobre el universo, expusieron la fragilidad de nuestro planeta y de la especie humana. Estos hechos, en lugar de asustarnos, deberían servir como estímulo para cuidar más de nuestro planeta y también los unos a los otros. Las coordenadas exactas del planeta Tierra en el espacio y el tiempo del universo no pueden ser determinadas con precisión absoluta, ya que el universo es vasto y en constante expansión.

Sin embargo, la Tierra puede ser descrita en relación a otros cuerpos

Figura II.2: Kepler, Copérnico y Galileo hicieron contribuciones significativas al desarrollo científico y nuestra comprensión del universo. Créditos de la imagen: Starwalk

celestes cercanos, como el Sol, y en relación a hitos cosmológicos, como el punto inicial del Big Bang. En términos de posición en el espacio, la Tierra está a unos 150 millones de kilómetros del Sol y es el tercer de los ocho planetas que orbitan la estrella.

El Sistema Solar se encuentra en el borde externo de la Vía Láctea, aproximadamente a 25,000 años luz del centro de la galaxia. La posición del sistema solar en la galaxia es relativamente aislada, protegida por una nube de polvo y gas que nos permite disfrutar de una existencia segura y estable. Aunque no estamos cerca del centro de la galaxia, aún somos parte de la Vía Láctea y estamos influenciados por sus leyes gravitacionales y su estructura en espiral.

En términos de tiempo, la Tierra está aproximadamente a 13,7 mil millones de años después del Big Bang, que se considera el comienzo del universo conocido. Es importante destacar que la precisión de estas estimaciones está limitada por nuestro conocimiento actual del universo y puede ser refinada a medida que adquirimos más información y tecnología para estudiar el cosmos.

En busca de la Verdad sobre el Cosmos

Dos mentes más allá de su tiempo

En la antigüedad, dos grandes astrónomos llamados Eratóstenes e Hiparco hicieron contribuciones significativas para la ciencia y para nuestra comprensión de la Tierra.

Eratóstenes vivió en el siglo III a.C. y es más conocido por su medición de la circunferencia de la Tierra. Él notó que en el solsticio de verano, en Syene (hoy Aswan, en Egipto), el Sol iluminaba el fondo de un pozo vertical, indicando que el Sol estaba directamente arriba. Eratóstenes también observó que en Alejandría, a una distancia al norte de Syene, el Sol no estaba directamente encima del pozo, sino que formaba un ángulo de unos 7,2 grados con la vertical. Eratóstenes utilizó esta información para calcular la circunferencia de la Tierra, llegando a un resultado muy cercano al valor real.

Por otro lado, Hiparco vivió unos dos siglos después y es considerado uno de los más grandes astrónomos de la antigüedad. Fue el primero en crear un catálogo sistemático de estrellas y desarrolló el sistema de coordenadas eclípticas para medir la posición de los planetas. Además, Hiparco midió la distancia de la Tierra a la Luna con gran precisión e hizo observaciones detalladas de los movimientos de las estrellas y los planetas.

Las contribuciones de Eratóstenes e Hiparco a la ciencia fueron cruciales para la comprensión de la Tierra y el universo en la antigüedad. Sus mediciones precisas y métodos científicos innovadores permitieron que otros científicos y astrónomos continuaran perfeccionando la comprensión del mundo en el que vivimos.

Mientras miramos las estrellas en busca de respuestas sobre el universo, no podemos olvidar las bases del conocimiento científico establecidas por civilizaciones pasadas. Los antiguos griegos, por ejemplo, que nos inspiran tanto hoy, no fueron los únicos en contribuir a nuestra comprensión del mundo. Ellos tuvieron contacto con las ciencias de Egipto y China, que ya desarrollaban matemáticas, astronomía y filosofía siglos antes. Es importante reconocer la diversidad de las fuentes del conocimiento científico y, así, recordar que la ciencia es una historia continua de construcción y evolución, y que todas las culturas han contribuido a esta travesía.

El desafío de la razón

Nicolás Copérnico, Giordano Bruno y Galileo Galilei. Cada uno de ellos hizo contribuciones significativas para la ciencia y nuestra comprensión del universo.

Nicolás Copérnico, que vivió en el siglo XVI, es famoso por su teoría heliocéntrica, que desafió la visión geocéntrica de la época. Propuso que la Tierra y los planetas giran alrededor del Sol, en lugar de ser el centro del universo. Copérnico observó los movimientos de los planetas y notó que se movían de manera compleja en relación a la Tierra, lo que lo llevó a proponer su teoría heliocéntrica. Su teoría revolucionaria ayudó a sentar las bases de la astronomía moderna y tuvo un impacto significativo en nuestra comprensión del universo. Ya Giordano Bruno, que vivió a finales del siglo XVI, fue un filósofo y astrónomo que creía en la idea de un universo infinito. Propuso que existen innumerables estrellas y planetas en todo el universo y que la vida existe en otros mundos. Su filosofía innovadora fue recibida con desconfianza por la iglesia y terminó siendo condenado a muerte en la hoguera por sus ideas desafiantes.

Por último, tenemos a Galileo Galilei, que vivió a principios del siglo XVII y fue uno de los más grandes astrónomos y físicos de la historia. Galileo utilizó una nueva tecnología: el telescopio, para hacer observaciones detalladas del universo, descubriendo nuevas lunas de Júpiter y demostrando que la Vía Láctea está compuesta por innumerables estrellas. También confirmó la teoría heliocéntrica de Copérnico y enfrentó una dura oposición de la iglesia por sus ideas científicas.

La historia de estos tres grandes científicos nos muestra cómo la ciencia puede desafiar las creencias establecidas y transformar nuestra comprensión del universo. Sus contribuciones innovadoras para la Astronomía y la Física tuvieron un impacto duradero, estando presentes en nuestras vidas hasta hoy.

La dupla dinámica y el movimiento de los cuerpos celestes

Los científicos Tycho Brahe y Johannes Kepler hicieron contribuciones significativas a la astronomía y a nuestra comprensión de los movimientos celestes.

Tycho Brahe, que vivió en el siglo XVI, es conocido por sus observaciones precisas y detalladas del cielo nocturno. Desarrolló el método tychónico, que implicaba la observación del cielo sin la ayuda de telescopios, pero con la ayuda de instrumentos como sextantes y cuadrantes. Con estos instrumentos, Tycho Brahe midió la posición de las estrellas y los planetas con gran precisión y sus observaciones fueron utilizadas por Johannes Kepler, que era su asistente, para desarrollar las leyes planetarias.

Johannes Kepler, que vivió a finales del siglo XVI y principios del siglo XVII, es famoso por sus tres leyes del movimiento planetario. Utilizó las observaciones de Tycho Brahe para descubrir que los planetas se mueven en órbitas elípticas alrededor del Sol y no en círculos perfectos, como se pensaba en esa época.

Kepler también descubrió que los planetas se mueven más rápido cuando están más cerca del Sol, en su primera ley, y que el cuadrado del tiempo que tarda un planeta en orbitar alrededor del Sol es proporcional al cubo de la distancia media del planeta al Sol, en su tercera ley. Sus leyes planetarias fueron fundamentales para la Astronomía y la Física, y siguen siendo estudiadas hasta hoy.

La historia de Tycho Brahe y Johannes Kepler nos muestra cómo la observación cuidadosa y la dedicación a la ciencia pueden transformar nuestra comprensión del universo. La colaboración entre los dos astrónomos fue fundamental para el descubrimiento de las leyes planetarias, que ayudaron a sentar las bases de la astronomía moderna. Sus trabajos fueron fundamentales para la ciencia y tuvieron un impacto significativo en nuestra comprensión del universo.

Newton y la mecánica celeste

Newton, quien vivió en el siglo XVII, fue uno de los principales pioneros de la física moderna y la mecánica celeste. Fue el primero en comprender que las leyes que rigen el movimiento de los cuerpos terrestres también se aplican a los cuerpos celestes en el espacio. Para hacer esto, se basó en las leyes planetarias de Kepler, descubiertas casi un siglo antes.

Las tres leyes de Kepler permitieron a Newton descubrir que la fuerza que mantiene a los planetas en órbita alrededor del Sol es la misma fuerza que hace que las manzanas caigan del árbol: la gravedad. A partir de este principio, desarrolló la ley de la gravitación universal, que establece la fuerza de atracción entre cualquier objeto en el universo. Esta ley fue fundamental para comprender la mecánica celeste y la capacidad de predecir los movimientos de los planetas y las estrellas.

Además, el descubrimiento de Newton allanó el camino para comprender otros fenómenos celestes, como el movimiento de las lunas alrededor de los planetas y de las estrellas alrededor del centro galáctico. La ley de la gravitación universal de Newton es una de las más importantes descubrimientos científicos de la historia y sigue siendo utilizada hasta hoy en investigaciones sobre Astronomía y Física.

El descubrimiento de Newton fue una combinación de observaciones precisas y teoría matemática avanzada. Su comprensión del movimiento planetario se basó en siglos de observaciones detalladas realizadas por astrónomos como Tycho Brahe y Johannes Kepler. Con la ayuda de cálculos matemáticos avanzados, Newton pudo formular una teoría que explica la mecánica celeste de una manera que aún es utilizada por científicos de todo el mundo.

Expandiendo las fronteras y nuestro universo

Entre los muchos científicos que han estado en la vanguardia, ampliando nuestros horizontes de conocimiento, hay algunas historias fascinantes sobre la Astronomía y los descubrimientos que ayudaron a moldear nuestra comprensión del universo. En particular, hablaré de tres científicos notables: William Herschel, Pierre-Simon Laplace y Edwin Hubble, quienes contribuyeron a la astronomía de maneras significativas.

Herschel, que vivió en el siglo XVIII, es más conocido por su descubrimiento de Urano, el primer planeta descubierto en la historia con un telescopio. Herschel no solo descubrió Urano, sino que también contribuyó significativamente a la Astronomía a través de sus cuidadosas y meticulosas observaciones del universo.

Laplace, por otro lado, es conocido por su hipótesis nebular, que propone que nuestro sistema solar se formó a partir de una nube giratoria de gas y polvo. Aunque la hipótesis fue propuesta inicialmente por Immanuel Kant, fue Laplace quien la desarrolló más a fondo y la popularizó. La hipótesis nebular es una teoría clave para comprender la formación de planetas y estrellas y aún se estudia por científicos hoy en día.

Hubble, uno de los astrónomos más notables del siglo XX, es conocido por su descubrimiento de la expansión del universo. Hubble observó que las galaxias se alejan unas de otras, lo que sugiere que el universo está en constante expansión. Este descubrimiento llevó a la Teoría del Big Bang, que es la principal teoría científica sobre el origen del universo.

Cada uno de estos científicos contribuyó de manera significativa a la Astronomía y a nuestra comprensión del universo. Herschel descubrió Urano e hizo observaciones importantes del espacio; Laplace propuso una de las teorías más importantes sobre la formación del sistema solar; y Hubble descubrió la expansión del universo y ayudó a formular la Teoría del Big Bang.

Estos descubrimientos y teorías son ejemplos de cómo la Astronomía es una ciencia fascinante y en constante evolución. Cada nuevo descubrimiento nos ayuda a comprender mejor el universo y nos inspira a continuar la búsqueda del conocimiento. Que estos ejemplos de Herschel, Laplace y Hubble nos inspiren a seguir explorando el universo y descubrir más sobre nuestro lugar en él.

Todo es relativo

Einstein es conocido principalmente por su teoría de la relatividad, que cambió la forma en que pensamos sobre espacio, tiempo y gravedad. Pero antes de hablar sobre la teoría de la relatividad, es importante entender los trabajos anteriores que se utilizaron como base para la formulación de la teoría. La física clásica, desde Isaac Newton hasta James Clerk Maxwell, proporcionó las leyes básicas de la Física y ayudó a establecerla como una ciencia fundamental. Sin embargo, estas leyes solo funcionan en ciertas condiciones y eran incapaces de explicar ciertos fenómenos observados en el universo.

Fue en este contexto que Einstein comenzó a trabajar en la teoría de la relatividad. Su teoría, dividida en dos partes - la relatividad especial y la general - cambió por completo la comprensión del mundo. La relatividad especial de Einstein, publicada en 1905, desafió la idea de que el tiempo y el espacio eran conceptos absolutos e independientes. En lugar de eso, Einstein mostró que el tiempo y el espacio eran relativos al observador y que ambos estaban conectados. Esto significaba que la velocidad de la luz era la misma para todos los observadores, independientemente de su movimiento o de la fuente de luz.

La relatividad general, publicada en 1915, expandió esta teoría al incluir la gravedad. Einstein mostró que la gravedad no era una fuerza misteriosa, sino el resultado de la curvatura del espacio y del tiempo causada por la presencia de masa y energía. Esta teoría fue confirmada en 1919, cuando un eclipse solar permitió la observación de que la luz de las estrellas era curvada por la gravedad del sol, exactamente como Einstein había predicho.

Estas teorías de Einstein fueron un gran avance en la Física y cambiaron completamente nuestra comprensión del mundo. La teoría de la relatividad, en particular, tuvo enormes implicaciones para la Física y la tecnología. Desde la navegación por satélite hasta la física de partículas, la teoría de la relatividad tuvo un impacto significativo en muchas áreas de la ciencia.

Einstein demostró que incluso las ideas más fundamentales de la ciencia podrían ser cuestionadas y redefinidas. Su teoría de la relatividad, en particular, fue un ejemplo increíble de cómo la ciencia puede evolucionar y cambiar nuestra comprensión del mundo.

¿Dónde comenzó todo?

Una vez que los científicos comenzaron a entender la estructura del universo, al darse cuenta de que existían otras galaxias más allá de la Vía Láctea, surgió la necesidad de comprender también el origen de este nuevo y vasto universo recién descubierto. Y una vez más, varios científicos se pusieron al frente para brindar nuevamente a la humanidad la comprensión del origen de nuestro universo. Una de las teorías más fascinantes de la ciencia moderna es la teoría del Big Bang. Esta teoría describe el comienzo del universo como un punto singular de muy alta densidad y temperatura, que "explotó"en una expansión rápida y continua hace aproximadamente 13,7 mil millones de años. Desde entonces, el universo se ha expandido y enfriado, permitiendo que las galaxias se formen y evolucionen a lo largo del tiempo. La teoría del Big Bang fue desarrollada a partir de una combinación de observaciones de la cosmología, la astronomía y la física, y es el modelo más aceptado para describir el comienzo y la evolución del universo. La teoría del Big Bang es una épica historia de la creación del universo, que permite a los científicos comprender el origen y la evolución del cosmos. Es una historia de amor y admiración por la naturaleza, un viaje a través del tiempo y el espacio para entender las raíces del universo y las fuerzas que lo gobiernan. Pero esta teoría no es solo una historia, es una hipótesis comprobable y probada. El descubrimiento de ondas gravitacionales, la distribución uniforme de materia en el universo y la medición de la edad del universo respaldan fuertemente la teoría del Big Bang. El concepto de un universo en expansión fue propuesto por primera vez por el sacerdote y físico belga Georges Lemaître en la década de 1920. Sin embargo, fueron las observaciones de Edwin Hubble en las décadas de 1920 y 1930 las que proporcionaron la primera evidencia observacional de un universo en expansión, a través de su descubrimiento del corrimiento al rojo de la luz de galaxias distantes. En las décadas de 1940 y 1950, otros científicos, como George Gamow y Ralph Alpher, utilizaron la idea de un universo en expansión para desarrollar aún más la teoría del Big Bang. Propusieron que el universo comenzó como un estado increíblemente caliente y denso y que la abundancia observada de elementos ligeros, como el helio y el litio, podría explicarse por reacciones nucleares que ocurrieron durante esa fase inicial caliente. La teoría recibió un fuerte apoyo en 1964, cuando los científicos descubrieron una débil y difusa radiación de microondas que impregna el universo, conocida como radiación cósmica de fondo de microondas. Se considera que esta radiación es el remanente del estado caliente y denso que existió al comienzo de la historia del universo, proporcionando fuertes evidencias para la teoría del Big Bang. La teoría del Big Bang está respaldada por una amplia gama de evidencia observacional, incluida la radiación cósmica de fondo de microondas, la estructura a gran escala del universo y la abundancia observada de elementos ligeros. Es importante destacar que el Big Bang no es la descripción de una explosión ocurrida en el espacio, sino el nombre dado al origen del universo y su expansión.

Un encuentro con las estrellas

Desde la antigüedad, las personas creían que las estrellas eran inmutables y eternas, pero la teoría de la evolución estelar cambió todo eso. Gracias al brillante trabajo de innumerables científicos, descubrimos que las estrellas nacen, viven y mueren, y que estos eventos son los responsables de toda la materia y energía visibles en nuestro universo.

Descubrimos que existen enanas rojas, estrellas débiles y muy antiguas, que son la fuente de hidrógeno para las nuevas generaciones de estrellas. También sabemos que existen otras estrellas como el Sol, que brillarán por miles de millones de años antes de transformarse en gigantes rojas. Descubrimos también que existen estrellas de neutrones y agujeros negros, resultados finales de la evolución estelar, que son los objetos más densos y misteriosos del universo.

Siempre me maravillo al pensar en el viaje de la vida de las estrellas y también en todos aquellos científicos que dedicaron sus vidas trabajando para desarrollar la teoría de la evolución estelar, la cual nos permitió comprender estos procesos. Entre esos muchos científicos debemos destacar a la Dra. Cecilia Payne-Gaposchkin, la primera persona en descubrir la composición química de las estrellas, a la Dra. Jocelyn Bell Burnell, que descubrió los primeros púlsares, objetos estelares que proporcionan información valiosa sobre la evolución estelar, y al Dr. Subrahmanyan Chandrasekhar, que desarrolló la teoría de la evolución estelar y ganó el Premio Nobel de Física por sus descubrimientos.

Una vez más, gracias al trabajo de los científicos, que se pusieron al frente para entender las leyes que rigen el universo, hoy somos capaces de comprender cómo los planetas orbitan alrededor de las estrellas, cómo los átomos que forman nuestro cuerpo fueron forjados en el interior de las estrellas y cómo los agujeros negros son los resultados finales de la evolución estelar.

Es cierto que desde la antigüedad las personas miraron al cielo nocturno con admiración y curiosidad, pero fue solo a través de la ciencia que descubrimos la verdadera naturaleza de las estrellas y del universo que nos rodea. Descubrimos que los planetas orbitan alrededor de las estrellas y que las estrellas son responsables de forjar los elementos que componen nuestro cuerpo y todo el universo.

Además, descubrimos que las estrellas viven y mueren y que los agujeros negros son los resultados finales de ese proceso. Este conocimiento es fundamental para comprender el origen y la evolución del universo y cómo afecta la vida en nuestro planeta.

Viendo lo invisible

La búsqueda por comprender nuestro universo es un viaje sin fin. Gracias al trabajo de científicos, descubrimos mucho sobre las estrellas, planetas y galaxias que pueblan el cosmos, pero todavía queda mucho por explorar. Uno de los misterios más intrigantes de la Física Moderna es la existencia de la materia y energía oscura, que componen más del 95% del universo.

Para entender mejor este fenómeno, es importante destacar a los científicos que dedicaron sus vidas a estudiarlo. El trabajo de investigadores como Fritz Zwicky, Vera Rubin, Saul Perlmutter y Brian Schmidt llevó a descubrimientos fundamentales sobre la existencia y las propiedades de la materia y la energía oscura. Estos científicos utilizaron observaciones astronómicas y análisis precisos para entender la naturaleza de este misterioso fenómeno.

La contribución de estos científicos no puede ser subestimada. Sus descubrimientos cambiaron nuestra comprensión del universo y revelaron un mundo invisible que compone la mayor parte de lo que existe. Sus trabajos abrieron nuevas fronteras en la Física y la Astronomía y nos dieron un vistazo del universo a una escala nunca antes imaginada.

Entonces, les animo, mis queridos lectores, a estudiar más sobre el trabajo de estos científicos y sus descubrimientos, pues nos enseñaron mucho sobre la naturaleza del universo y la importancia de la curiosidad y la persistencia en la búsqueda del conocimiento. Espero que el estudio de la materia y energía oscura pueda inspirarles a formar parte de la próxima generación de científicos para continuar explorando los misterios del universo.

El universo es un lugar maravilloso y fascinante, pero también puede ser un lugar misterioso. Una de las grandes cuestiones de la física moderna es la naturaleza de la materia y energía oscura, que componen la mayor parte del universo.

La materia oscura es una sustancia no observable que ejerce fuerza gravitacional, pero no emite luz ni radiación. Esto significa que no podemos verla directamente, pero sabemos que está presente porque afecta la dinámica de las galaxias y otras estructuras cósmicas. Los científicos creen que la materia oscura está compuesta de partículas exóticas que interactúan muy débilmente con la materia visible.

Por otro lado, la energía oscura es una forma de energía hipotética que impregna todo el espacio y es responsable de la aceleración de la expansión del universo. Esta expansión acelerada fue descubierta por astrónomos en la década de 1990 y dejó a los científicos perplejos. La energía oscura tiene una presión negativa, lo que hace que ejerza una fuerza repulsiva que empuja al universo hacia afuera.

Aunque la materia y energía oscuras son misteriosas y aún no han sido detectadas directamente, son componentes fundamentales del universo y son esenciales para explicar la estructura y evolución del cosmos. Estudiar estas sustancias es uno de los grandes desafíos de la física moderna, pero también es una de las áreas más emocionantes y prometedoras de la ciencia. Aunque estas sustancias sean invisibles y aún no hayan sido detectadas directamente, sus evidencias observacionales son convincentes y nos dan una comprensión cada vez mayor del universo.

La materia oscura fue propuesta para explicar la presencia de gravedad extra en las galaxias, que no puede ser explicada por la materia visible. Una de las principales evidencias para la existencia de la materia oscura proviene de la observación de las lentes gravitacionales. Cuando la luz pasa cerca de objetos masivos, como galaxias o cúmulos de galaxias, su trayectoria es curvada por la gravedad de estos objetos.

Esto causa distorsiones en la imagen del objeto distante, permitiendo que los astrónomos puedan mapear la distribución de la materia a lo largo de la línea de visión. Estas lentes gravitacionales muestran que hay mucha más materia en el universo de la que podemos ver con nuestros telescopios.

Por otro lado, la energía oscura fue propuesta para explicar la aceleración de la expansión del universo, que fue descubierta en observaciones de supernovas distantes. Los astrónomos utilizaron estas observaciones para medir la velocidad de expansión del universo a lo largo del tiempo y descubrieron que la expansión se está acelerando, a diferencia de lo esperado.

Esto sugiere la presencia de una forma desconocida de energía, que es responsable de esta aceleración. Otras evidencias para la energía oscura incluyen el análisis del fondo cósmico de microondas, que es la radiación remanente del Big Bang. Este análisis muestra que la energía oscura es un componente significativo del universo.

Los instrumentos utilizados para estudiar la materia y la energía oscura incluyen telescopios de observación terrestre, telescopios espaciales, experimentos de detección de partículas y simulaciones computacionales. Estos instrumentos nos permiten estudiar las propiedades de la materia y la energía oscura y su distribución en el universo.

Espero que hayan disfrutado acompañándome en este breve viaje por la historia de la ciencia y las mentes brillantes que nos trajeron la comprensión actual del universo. Desde Eratóstenes y su medición de la circunferencia de la Tierra hasta los científicos modernos del Big Bang, la búsqueda de la verdad y el conocimiento siempre ha sido una constante en la historia de la humanidad.

Cada uno de estos científicos enfrentó desafíos y adversidades al desafiar las teorías existentes y al presentar nuevas ideas y descubrimientos. Copérnico desafió la visión aristotélica del universo, Kepler se atrevió a proponer que los planetas no se mueven en órbitas circulares perfectas y los científicos del Big Bang enfrentaron el escepticismo de la comunidad científica al presentar su teoría del origen del universo.

Sin embargo, el trabajo de estos científicos fue fundamental para expandir nuestra comprensión del universo y cambiar nuestra visión del mundo. La ciencia es una búsqueda constante de la verdad y un intento de entender los misterios del universo.

Capítulo III

Prodigios de la tecnologia

No fue perfeccionando la vela que se inventó la electricidad.

Pierre-Gilles de Gennes

La ciencia y la tecnología son la clave para el progreso humano y la solución de muchos de los problemas globales que enfrentamos.

Stephen Hawking

A lo largo de la historia humana, siempre ha habido momentos en los que necesitamos enfoques innovadores para superar desafíos. En tales momentos, han sido los científicos quienes han estado en primera línea para desarrollar herramientas y tecnologías innovadoras para enfrentar estos desafíos, ya sea mejorando las existentes o realizando cambios radicales. Como el Premio Nobel de Física Pierre-Gilles de Gennes nos recordó, muchas veces la solución a un problema no está en perfeccionar una tecnología existente, sino en adoptar un enfoque completamente nuevo e innovador. La historia nos muestra que los avances más significativos en ciencia y tecnología han sido logrados por aquellos que estaban dispuestos a asumir riesgos y pensar fuera de la caja.

Las nuevas tecnologías generalmente se desarrollan como resultado de investigaciones realizadas por científicos. El proceso de descubrimiento científico a menudo lleva al desarrollo de nuevas tecnologías, a medida que los científicos descubren nuevos fenómenos o encuentran nuevas formas de manipular la materia y la energía.

Por ejemplo, muchos avances tecnológicos en medicina, como técnicas de imagen y nuevos medicamentos, surgieron como resultado de investigaciones científicas en biología y química. Del mismo modo, los avances en electrónica y tecnología de la información han sido impulsados por investigaciones en física y ciencias de la computación.

Además, los científicos a menudo trabajan en colaboración con ingenieros y otros especialistas para desarrollar nuevas tecnologías y materiales con propiedades más eficientes que las existentes en la naturaleza. También pueden transferir sus descubrimientos a socios industriales, que luego desarrollan y comercializan la tecnología. Este proceso de transferencia de descubrimientos científicos a aplicaciones prácticas a menudo se llama "transferencia de tecnología".

Como puedes ver, los científicos desempeñan un papel crucial en el desarrollo de nuevas tecnologías, a través de sus investigaciones y colaboración con otros especialistas. Sus descubrimientos suelen ser el punto de partida para avances tecnológicos que tienen un impacto significativo en la sociedad y mejoran la vida de todas las personas, incluidas aquellas que saben poco o nada sobre el conocimiento científico.

Muchos científicos han contribuido al desarrollo de tecnologías importantes a lo largo de la historia. Algunos de estos científicos fueron revolucionarios en sus respectivas áreas y dejaron una marca indeleble en la sociedad moderna, como por ejemplo: Thomas Edison, uno de los inventores más importantes de todos los tiempos. Él es conocido por sus contribuciones a la electricidad, incluyendo la invención de la bombilla eléctrica. Nikola Tesla también es un gran nombre en la historia de la electricidad, habiendo desarrollado sistemas de corriente alterna y contribuido a la creación de sistemas de transmisión de energía eléctrica a larga distancia.

Alexander Graham Bell es otro gran nombre de la tecnología, siendo el inventor del teléfono. Cambió la forma en que las personas se comunican para siempre. Guglielmo Marconi también es conocido por sus contribuciones a la comunicación, habiendo desarrollado el primer sistema de radio comercial. Henry Ford es conocido por su contribución a la industria automotriz. Henry Ford es conocido por su contribución a la industria automotriz, ya que fue pionero en la creación de la primera línea de montaje de automóviles. Este innovador sistema de producción permitió la fabricación en masa de vehículos asequibles, lo que hizo que el automóvil se convirtiera en un bien accesible para la clase media. Ford también fundó la empresa Ford Motor Company, que sigue siendo una de las compañías automotrices más importantes del mundo en la actualidad. La adopción de la línea de montaje por parte de Ford revolucionó la fabricación en todo el mundo y sentó las bases para la producción en masa en muchas otras industrias.

Tim Berners-Lee, quien desarrolló la World Wide Web, el protocolo HTTP y el sistema de direcciones URL, hizo posible la navegación en la web, y Bill Gates y Paul Allen fueron responsables de revolucionar la tecnología de la información al fundar Microsoft. Finalmente, Elon Musk es conocido por sus contribuciones a la tecnología espacial y la energía, habiendo fundado SpaceX y Tesla, Inc.

Muchas de las tecnologías que utilizamos en nuestro día a día fueron desarrolladas inicialmente para ser utilizadas en investigaciones científicas. Por lo tanto, no es sorprendente que las primeras herramientas tecnológicas en ser utilizadas fueran telescopios y microscopios, que sirven para ampliar el alcance de la visión humana. Todas las tecnologías que tú y yo conocemos y utilizamos no surgieron por casualidad o por un proceso evolutivo natural, sino que son producto del trabajo de científicos pioneros.

El material que revolucionó nuestra visión del mundo

Si hay un material que revolucionó la historia de la ciencia y la humanidad, ese es el vidrio. Este material ha sido utilizado durante siglos en una amplia gama de aplicaciones, desde ventanas y espejos hasta instrumentos científicos como telescopios y microscopios.

Fue la invención del vidrio transparente la que permitió la construcción del telescopio, lo que cambió por completo nuestra forma de ver el universo. A través del uso de lentes de vidrio, los astrónomos pudieron observar cuerpos celestes muy distantes y comprender mejor la estructura del universo. El vidrio también fue fundamental para el desarrollo del microscopio, que permitió a los científicos observar el mundo microscópico y descubrir una variedad de nuevas formas de vida y procesos biológicos.

Los primeros científicos que utilizaron telescopios y microscopios informaron sobre sus hallazgos y sus observaciones, las cuales fueron esenciales para avances significativos en una variedad de campos científicos. Robert Hooke, por ejemplo, utilizó un microscopio para observar células por primera vez e hizo importantes contribuciones a la Biología. Galileo Galilei utilizó un telescopio para observar las lunas de Júpiter y confirmó la teoría heliocéntrica de Copérnico. Estos descubrimientos y observaciones abrieron nuevas áreas de investigación y proporcionaron una nueva comprensión del mundo que nos rodea. Gracias a los avances científicos y tecnológicos resultantes del uso del vidrio en instrumentos científicos, nuestra sociedad se transformó. Hoy en día, el vidrio se utiliza en muchos aspectos de la vida moderna, desde gafas, teléfonos inteligentes, televisores hasta paneles solares y equipos médicos.

La historia del vidrio es la historia de la ciencia y la tecnología, una historia de innovación, descubrimiento y cambio. Es una historia de mentes brillantes que, a través de la experimentación y la observación, avanzaron en nuestra comprensión del universo y moldearon el mundo en el que vivimos hoy.

Tres invenciones cruciales para la expansión de la humanidad

Tres invenciones que fueron cruciales para la expansión de la humanidad: la brújula, el reloj y las carabelas. Estos dispositivos se crearon hace siglos y tuvieron un papel importante al permitir la exploración del mundo y la expansión de la sociedad humana.

La brújula, por ejemplo, fue inventada por los chinos alrededor del siglo IX y permitió la navegación en alta mar al indicar la dirección del Norte. Esto permitió que los exploradores encontraran nuevas rutas comerciales y descubrieran nuevas tierras. La brújula fue un paso fundamental para la expansión de la humanidad por el mundo.

El reloj mecánico fue inventado en el siglo XIII y permitió la medición precisa del tiempo. Esto fue importante para la navegación, así como para la organización de la sociedad en general. El tiempo se convirtió en una medida estándar para la coordinación de actividades y la planificación de viajes, y el reloj fue fundamental para permitir esa precisión.

Las carabelas, que eran barcos con velas triangulares, se desarrollaron en el siglo XV y permitieron la navegación oceánica en condiciones difíciles. Esto permitió a los exploradores navegar más lejos que antes y descubrir nuevas tierras, lo que tuvo un impacto significativo en la expansión del comercio y la influencia humana.

Estas tres invenciones fueron importantes para la expansión de la sociedad humana y para la comprensión del mundo y tuvieron un impacto significativo en la economía, la política y la cultura, cambiando a la humanidad para siempre. Los científicos han sido fundamentales para el progreso humano. Las invenciones de la brújula, el reloj y las carabelas son ejemplos de la importancia del pensamiento innovador y del progreso científico.

Tecnologías que forman parte de nuestras vidas

La bombilla eléctrica, el teléfono, la cámara fotográfica, los smartphones y los ordenadores. Estas invenciones cambiaron nuestra sociedad y han sido fundamentales para el progreso humano.

La bombilla eléctrica, inventada por Thomas Edison en 1879, cambió la forma en que la sociedad se iluminaba por la noche. Proporcionó mayor seguridad, permitiendo que las personas trabajaran de noche, estudiaran y se divirtieran, sin necesidad de depender de velas y lámparas. La bombilla eléctrica también fue un gran impulso para la industria, haciendo las fábricas más productivas y seguras.

El teléfono, inventado por Alexander Graham Bell en 1876, cambió la forma en que las personas se comunican. Permitió la conexión entre personas de lugares distantes, posibilitando que las personas conversaran, hicieran negocios e intercambiaran información en tiempo real. El teléfono abrió nuevas oportunidades de comunicación y cambió la forma en que la sociedad se relaciona.

La cámara fotográfica, inventada por Joseph Nicéphore Niépce en 1826 y mejorada por Louis Daguerre en 1839, permitió que las personas capturaran momentos de la vida y los registraran para la posteridad. La cámara también permitió que los científicos estudien y documenten la naturaleza y la sociedad, convirtiéndose en una herramienta fundamental para la ciencia y la historia.

Los smartphones y los ordenadores cambiaron la forma en que la sociedad se comunica y se relaciona. Permiten que las personas se conecten con amigos y familiares de todo el mundo, hagan negocios y accedan a información en tiempo real. Además, han hecho que la información y la educación sean accesibles para muchas personas que antes no tenían esa oportunidad.

Estas invenciones han sido fundamentales para el progreso humano, permitiendo que la sociedad avance en muchos aspectos. Fueron fruto del pensamiento innovador, la curiosidad científica y el deseo de mejorar la vida de las personas.

La teoría que originó la vida moderna

La teoría del electromagnetismo, formulada por James Clerk Maxwell en el siglo XIX, explica cómo la electricidad y el magnetismo están íntimamente relacionados y cómo se manifiestan en ondas electromagnéticas, como la luz y la radio. Esta teoría permitió la creación de tecnologías como la electricidad, el teléfono, la radio, la televisión, las computadoras y mucho más.

La electricidad es una de las mayores invenciones de la historia, ya que hizo posible la iluminación y la alimentación de máquinas, impulsando el progreso de la industria y la sociedad. La comunicación por radio permitió que las personas se conecten con el mundo entero y reciban información en tiempo real. La televisión trajo imágenes y sonidos en vivo a los hogares de las personas, permitiendo que la sociedad se informara y se divirtiera de una manera nunca antes vista.

Las computadoras, otra gran invención derivada del electromagnetismo, cambiaron la forma en que funciona la sociedad. Permiten la automatización de tareas, el almacenamiento y el análisis de grandes cantidades de datos y la comunicación instantánea. Son fundamentales para la industria, el comercio, la educación y la investigación.

Además, la teoría del electromagnetismo tiene aplicaciones sorprendentes, como los sistemas de transporte Maglev, que utilizan campos magnéticos para levitar trenes y crear una forma de transporte de alta velocidad. Estos descubrimientos e invenciones transformaron el mundo y hicieron la vida más fácil y cómoda para muchas personas.

Finalmente, debemos recordar que la ciencia no es una secuencia lineal de grandes descubrimientos, sino en realidad una red compleja de ideas e influencias. El caso del electromagnetismo de James Clerk Maxwell es un ejemplo de ello. Aunque Maxwell es recordado como el gran unificador de las leyes de la electricidad y el magnetismo, su obra se construyó sobre las contribuciones de muchos otros científicos antes que él, como Edmund Halley, quien propuso por primera vez que la Tierra era un gran imán, y Michael Faraday, quien descubrió la inducción electromagnética.

También debemos recordar el trabajo de André-Marie Ampère, que estableció la relación entre corriente eléctrica y magnetismo, y de muchos otros que dieron pequeños pasos que, juntos, llevaron al gran salto del electromagnetismo de Maxwell. La historia de la ciencia es una historia de colaboración y de cooperación, y cada contribución es valiosa en la construcción del conocimiento.

Tecnologías que revolucionaron la medicina

El descubrimiento de los rayos X, realizado por Röntgen en 1895, fue un hito en la historia de la medicina. Este descubrimiento permitió la visualización interna del cuerpo humano y posibilitó que médicos e investigadores pudieran diagnosticar enfermedades con mayor precisión, sin necesidad de procedimientos invasivos.

La resonancia magnética, descubierta por Bloch y Purcell en 1946, posibilitó la creación de imágenes de alta resolución del interior del cuerpo humano, permitiendo diagnósticos más precisos y detección temprana de enfermedades.

La ingeniería genética, desarrollada por Francis Crick y colaboradores, permitió la manipulación del material genético y la creación de nuevas terapias y tratamientos para enfermedades genéticas.

Y más recientemente, los análisis de ADN posibilitaron la identificación precisa de enfermedades hereditarias y la realización de terapias personalizadas, además de ayudar en la identificación de personas en casos criminales y en la creación de bases de datos genéticas.

Estos descubrimientos e invenciones cambiaron la forma en que se practica la medicina y aportaron innumerables beneficios para la salud humana. Estos científicos tuvieron la curiosidad de cuestionar lo que se conocía y siguieron adelante, incluso frente a obstáculos. La medicina moderna debe mucho a estos pioneros y al pensamiento innovador y a la curiosidad científica. Estos descubrimientos continúan mejorándose y aplicándose para el beneficio de la sociedad.

Los científicos y la medicina moderna tienen una relación estrecha, ya que la ciencia es la base de la medicina moderna. Los científicos realizan investigaciones para entender las causas de las enfermedades y desarrollar tratamientos efectivos. También desarrollan nuevos medicamentos y tecnologías médicas, como cirugías menos invasivas, imágenes médicas avanzadas y terapias genéticas.

Los científicos también trabajan en estrecha colaboración con médicos y otros profesionales de la salud para aplicar los descubrimientos científicos en entornos clínicos. Por ejemplo, los científicos pueden trabajar con médicos para desarrollar nuevos tratamientos para enfermedades crónicas, como la diabetes y el cáncer.

Además, los científicos también desempeñan un papel importante en la prevención de enfermedades, identificando y estudiando factores de riesgo, como hábitos de vida y exposición a sustancias tóxicas, y desarrollando intervenciones para reducir estos riesgos.

La medicina moderna depende en gran medida de la ciencia y es gracias a los científicos y sus avances que tenemos tratamientos más efectivos y tecnologías médicas avanzadas disponibles hoy. La colaboración entre científicos y médicos es vital para el progreso continuo en medicina y salud pública.

De la comunicación inalámbrica al comercio global

En esta sección, me gustaría llamar la atención sobre la importancia de los científicos que dedicaron sus vidas a la investigación y al desarrollo de tecnologías que cambiaron la forma en que nos comunicamos y nos relacionamos.

Desde el pionerismo de Nikola Tesla en el campo de la comunicación inalámbrica, pasando por la invención de la *World Wide Web* por Tim Berners-Lee, hasta la explosión de las redes sociales, la ciencia ha sido fundamental para el desarrollo de estas tecnologías.

Internet, como sabemos, hizo posible la comunicación instantánea y el intercambio de información a escala global. Esto, a su vez, revolucionó la forma en que las personas se conectan e interactúan, permitiendo la creación de comunidades virtuales que trascienden las barreras geográficas. Además, internet posibilitó el comercio en línea, lo que transformó la forma en que compramos y vendemos productos y servicios. Con solo unos pocos clics es posible adquirir productos que serían inaccesibles en otras épocas y en otras partes del mundo.

Todo esto solo fue posible gracias a los avances científicos y tecnológicos que permitieron la creación de redes de comunicación inalámbrica, la construcción de infraestructuras de internet y el desarrollo de algoritmos complejos para procesar y analizar grandes volúmenes de datos.

Le debemos mucho a estos científicos y a la ciencia en general. Han sido responsables de algunas de las mayores innovaciones y avances que la humanidad ha visto. Celebremos a estos pioneros y sigamos apoyando la ciencia y la investigación para que podamos seguir avanzando y descubriendo nuevas fronteras.

Del mismo modo, los científicos han desempeñado un papel importante en la creación y desarrollo de las redes sociales, tanto técnicamente como en términos de su uso para fines científicos.

Técnicamente, muchos de los principios y tecnologías que hacen posibles las redes sociales fueron desarrollados por científicos de la computación e ingenieros. Esto incluye conceptos como gráficos de datos, algoritmos de recomendación e inteligencia artificial.

Además, los científicos también han utilizado las redes sociales para fines científicos. Por ejemplo, los científicos sociales utilizan estas redes para estudiar cómo las personas se relacionan y cómo las ideas se propagan a través de grupos sociales.

Los científicos también utilizan las redes sociales para recopilar datos y comunicar sus trabajos. Pueden usar las redes sociales para recopilar datos sobre cómo las personas usan Internet o para recopilar datos sobre las opiniones públicas en temas científicos. Además, los científicos también utilizan las redes sociales para comunicarse entre ellos y compartir información y descubrimientos científicos. Esto puede incluir la colaboración en proyectos de investigación, el intercambio de ideas y la oferta de retroalimentación (*feedback*) sobre trabajos en curso.

Tecnologías del presente para el futuro

Mis queridos lectores, aquí me gustaría hablar una vez más sobre algunos de los científicos más brillantes que han trabajado para desarrollar tecnologías que están moldeando nuestro mundo de maneras increíbles. Entre estas innovaciones se encuentran la inteligencia artificial, la nanotecnología, las matrices de energía limpia y la impresión 3D. Vamos a explorar un poco sobre cada una de ellas.

Comenzando por la inteligencia artificial, podemos mencionar algunos nombres importantes, como John McCarthy, Marvin Minsky y Alan Turing, quienes ayudaron a desarrollar las bases teóricas de la IA. Hoy en día, la IA está presente en muchas áreas, desde sistemas de reconocimiento de voz hasta robots autónomos. La IA está ayudando a resolver problemas complejos en diversas áreas, como medicina, finanzas, transporte y muchas otras.

En cuanto a la nanotecnología, cuyo desarrollo se atribuye a Richard Feynman, tiene como objetivo la creación de materiales y dispositivos a escala nanométrica, que pueden tener propiedades únicas y revolucionarias. La nanotecnología ya se utiliza en diversas áreas, como en la medicina para el desarrollo de nuevos tratamientos, en la electrónica para la creación de dispositivos más eficientes y en la producción de materiales más ligeros y resistentes. Las matrices de energía limpia, por su parte, tienen como objetivo proporcionar energía sin dañar el medio ambiente.

Algunos nombres importantes en esta área incluyen a Elon Musk, que está trabajando para desarrollar nuevas tecnologías de almacenamiento de energía, y las empresas que están desarrollando paneles solares y turbinas eólicas más eficientes. Estas tecnologías tienen el potencial de reducir nuestra dependencia de los combustibles fósiles y ayudar a preservar el medio ambiente.

Por último, la impresión 3D, cuyo desarrollo se atribuye a Chuck Hull, tiene el potencial de revolucionar la fabricación de productos, permitiendo la producción de piezas personalizadas y complejas de manera más eficiente y económica. Esta tecnología ya se utiliza en diversas áreas, como en la producción de prótesis médicas, piezas de aeronaves y en la fabricación de alimentos. Estos son solo algunos ejemplos de cómo la ciencia y la tecnología están moldeando nues-

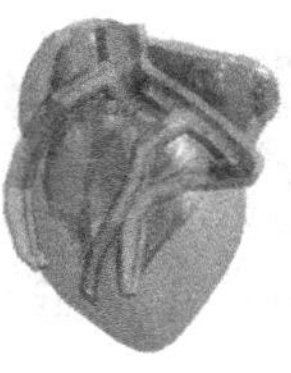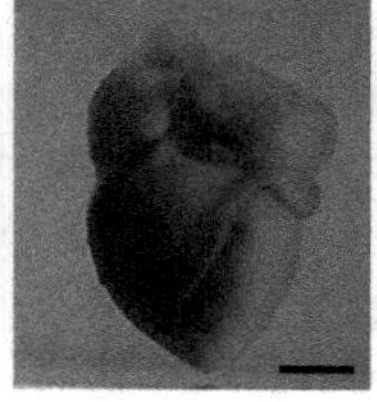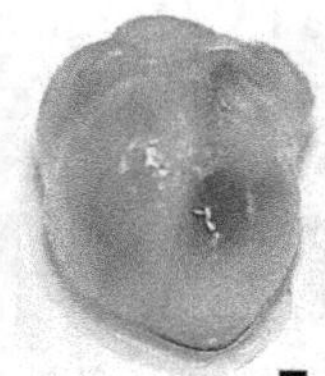

Figura III.1: En esta imagen podemos ver el proceso para la impresión de un corazón humano en pequeña escala, en un futuro cercano imprimir órganos y tejidos biológicos será solo una de las aplicaciones de la impresión 3D. Fuente: *Advanced Science* - Volumen 6/Edición-11/Año 2019.

tro mundo de maneras increíbles. Estos científicos, y muchos otros, dedicaron sus vidas a avanzar en el conocimiento humano y a crear soluciones innovadoras para los problemas de nuestro tiempo. Son ellos los que nos inspiran a soñar con un futuro mejor y más brillante.

Tecnologías en el área de ocio

Este es un tema que quizás pueda parecer un poco diferente de mis habituales exploraciones del universo, pero que es igualmente importante para nuestra vida: el ocio. Más específicamente, me gustaría hablar sobre los científicos que trabajaron para desarrollar productos de entretenimiento que cambiaron la forma en que nos divertimos.

Desde los albores de la humanidad, el ocio ha sido una parte importante de nuestra existencia. Pero con el avance de la tecnología, surgieron nuevas formas de entretenimiento, como los videojuegos, la música y las simulaciones en realidad virtual y aumentada. Y detrás de estas innovaciones, siempre hay científicos e ingenieros trabajando arduamente para hacerlas posibles.

Miren, por ejemplo, la historia de los videojuegos. El primer videojuego fue creado en 1958, pero fue solo en la década de 1970 que los juegos electrónicos comenzaron a popularizarse. Y con el paso del tiempo, se desarrollaron consolas cada vez más sofisticadas, con gráficos y jugabilidad que dejaron a los jugadores boquiabiertos.

Además de los videojuegos, la música también cambió mucho con el avance de la tecnología. Desde la grabación del primer disco en 1877, la industria musical ha pasado por varios cambios, hasta llegar a nuestros días, en que podemos escuchar música en alta calidad en cualquier lugar del mundo, gracias a los servicios de streaming.

Y no podemos olvidar las simulaciones en realidad virtual y aumentada, que están cada vez más presentes en nuestras vidas. Estas tecnologías nos permiten experimentar situaciones imposibles de vivir en la vida real, como viajar por el espacio o sumergirnos en los océanos.

Todo esto solo es posible gracias a los científicos que trabajaron incansablemente para desarrollar estas tecnologías y mejorarlas a lo largo del tiempo. Entonces, la próxima vez que juegues un videojuego, escuches música o experimentes una simulación en realidad virtual, recuerda a los científicos que hicieron esto posible.

La ciencia está presente en todos los aspectos de nuestras vidas, incluso en nuestro ocio. Y cada día, se realizan nuevos descubrimientos, se crean nuevas innovaciones y surgen nuevas formas de entretenimiento. ¿Quién sabe lo que nos depara el futuro?

Comunicación entre la Tierra y el Espacio

Los científicos que desarrollaron satélites artificiales son verdaderos artistas de la tecnología, moldeando el espacio circundante para satisfacer nuestras necesidades. Son los exploradores de la órbita terrestre, estudiando los secretos del universo desde una perspectiva única y privilegiada. Estos brillantes individuos han transformado la forma en que vemos el mundo y a nosotros mismos, proporcionándonos información valiosa sobre el clima, la geología y las condiciones del espacio.

También han revolucionado la vida cotidiana al proporcionar acceso a la comunicación global instantánea, mapear la Tierra en detalles inimaginables y monitorear nuestro planeta en tiempo real. Estos satélites son verdaderos centinelas del espacio, protegiéndonos de amenazas como tormentas solares y colisiones con asteroides.

La importancia de los satélites artificiales en la vida diaria es inmensurable. Nos permiten estar conectados con el mundo, seguir las condiciones climáticas y proporcionar información importante para la toma de decisiones. También son una expresión de nuestra insaciable curiosidad, llevándonos a descubrir más sobre el universo y a nosotros mismos. Estos satélites son verdaderos tesoros de la humanidad, permitiéndonos mirar más allá de nuestra atmósfera y contemplar el vasto universo.

Los científicos trabajan en estrecha colaboración con ingenieros y otros profesionales para diseñar, construir y lanzar satélites. También trabajan con programadores y especialistas en datos para procesar y analizar la información recolectada por los satélites. Gracias al arduo trabajo de estos científicos, la humanidad fue capaz de lanzar el primer satélite, el Sputnik, en órbita terrestre y comenzar una nueva era de exploración y descubrimiento espacial; hoy en día tenemos satélites orbitando en varios planetas del Sistema Solar y no solo en la Tierra. Debemos recordar y honrar a estos pioneros, que abrieron nuevas posibilidades y horizontes para la humanidad.

Capítulo IV

En la primera línea de la exploración espacial

Todo en el espacio obedece a las leyes de la física. Si conoces esas leyes y las obedeces, el espacio te tratará con amabilidad.

Wernher Von Braun.

Hoy en día, podemos obtener miles de "me gusta", comentarios o compartimentos al publicar en nuestras redes sociales fotos y videos de grandes cohetes con vehículos espaciales saliendo de la Tierra y siguiendo trayectorias descritas por Johannes Kepler y Newton para llegar a mundos cercanos de nuestro Sistema Solar, o simplemente podemos asombrarnos mirando diariamente muchas imágenes de mundos lejanos tomadas por el veterano Telescopio Espacial Hubble, por su sucesor James Webb, así como hacer un "rayos X" de las estructuras de galaxias y estrellas, utilizando el observatorio Chandra.

Pero esto solo es posible debido a la exploración espacial y detrás de todas estas maravillas tecnológicas que nos permiten avanzar un poco más allá de las fronteras de nuestro planeta, una vez más, está el trabajo de miles de científicos.

La exploración espacial es la gran aventura de la humanidad, un viaje para descubrir los misterios del universo y aprender más sobre nuestro lugar en él. Los científicos en la vanguardia de esta empresa son héroes de la ciencia, hombres y mujeres con una pasión incansable por el descubrimiento y una audaz visión para el futuro.

Konstantin Tsiolkovsky, uno de los pioneros de la teoría de la astronáutica, fue uno de los primeros en imaginar cómo la humanidad podría lanzarse más allá de la atmósfera terrestre y viajar por el espacio. Sergei Korolev, el padre de la cosmonáutica soviética, lideró la carrera espacial durante la Guerra Fría, convirtiendo a Rusia en el primer país en lanzar un satélite artificial y un hombre al espacio.

Sin embargo, la exploración espacial no debe ser una competición, sino una aventura humana compartida. Un buen ejemplo de esto es que los astronautas y científicos de los Estados Unidos y Rusia trabajan juntos en la Estación Espacial Internacional, construyendo puentes entre naciones y descubriendo nuevos conocimientos para la humanidad.

Y, más recientemente, empresarios como Elon Musk están haciendo que la exploración espacial sea más accesible y acelerando el ritmo de descubrimientos. Con su trabajo en empresas como SpaceX, Musk está impulsando la revolución espacial, haciendo que los viajes al espacio sean más baratos y accesibles y ayudando a abrir camino para una era de exploración aún más intensa y ambiciosa.

El viaje de la humanidad por el espacio es una travesía continua, llena de desafíos y maravillas. Y con cada nuevo descubrimiento, aprendemos más sobre el universo y sobre nosotros mismos. Estos científicos en la vanguardia son las personas que hacen posible este viaje, y merecen nuestro agradecimiento y admiración.

El trío que abrió las puertas del espacio

Estimados lectores, en esta sección de mi libro es un gran placer hablar sobre los pioneros de la exploración espacial, Tsiolkovsky, Von Braun y Korolev. Estos científicos son verdaderas leyendas en la historia de la ciencia, y sus esfuerzos innovadores ayudaron a impulsar a la humanidad hacia el cosmos.

Konstantin Eduardovich Tsiolkovsky es uno de los mayores héroes de la ciencia y la exploración espacial. Este visionario ruso fue uno de los primeros en imaginar cómo la humanidad podría elevarse más allá de la atmósfera terrestre y viajar por el espacio. Sus obras son una verdadera fuente de inspiración para las futuras generaciones.

Tsiolkovsky nació en una pequeña aldea en Rusia, pero su mente siempre miraba hacia el cielo. Dedicó su vida a la ciencia, estudiando las leyes de la física y la mecánica, y pronto descubrió su verdadera pasión: la exploración espacial. Creía que la humanidad tenía un destino celestial y dedicó su vida a hacer realidad ese sueño.

Tsiolkovsky desarrolló la primera teoría de la astronáutica, describiendo cómo los seres humanos pueden viajar por el espacio y habitar otros planetas. También predijo muchos de los desafíos que enfrentaremos en nuestro viaje por el espacio, incluida la protección contra la radiación y la necesidad de recursos naturales y materiales para la supervivencia.

Este hombre brillante tuvo un impacto profundo en la ciencia y la cultura, inspirando a generaciones de científicos y astronautas. Su dedicación y pasión por la exploración espacial son una verdadera lección de vida, y su historia es una historia de valentía, determinación y visión.

El legado de Tsiolkovsky es la prueba de que un hombre con una visión clara y una pasión ardiente puede cambiar el mundo. Sus ideas y teorías son una verdadera fuente de inspiración para todos nosotros, y su historia es un testimonio de la humanidad de nuestra capacidad para imaginar, crear y explorar. La humanidad siempre estará agradecida a este hombre brillante y valiente por su contribución al viaje de la humanidad por el espacio.

En nuestro recorrido para comprender el largo camino que llevó a la humanidad a desarrollar medios que permitan desafiar la atracción del campo gravitacional del planeta Tierra y aventurarse en el espacio, debemos destacar una pieza principal en esta aventura: Wernher Magnus Maximilian von Braun. Von Braun, fue un científico de

Figura IV.1: A la izquierda podemos ver a Konstantin Tsiolkovsky con su nieto. En el centro está Wernher von Braun y en el fondo los motores del cohete Saturno V. A la derecha está Korolev con uno de los perros lanzados en cohetes desarrollados por él mismo. Créditos: Academia Rusa de Ciencias y Appel.nasa.gov.

nacionalidad alemana y posteriormente estadounidense. Fue una figura excepcional en mi punto de vista, ya que a pesar de todos los trastornos por los cuales nuestra civilización pasaba, consiguió mantenerse firme en su deseo de abrir una ventana de acceso al cielo para nosotros, simples mortales.

Este ilustre científico utilizó todos sus talentos para desarrollar los primeros cohetes eficientes conocidos por la humanidad, pero que desafortunadamente al principio serían usados para fines militares al final de la Segunda Guerra Mundial. Sin embargo, a pesar de ello, se mantuvo firme en sus objetivos, hasta que finalmente en el apogeo de la Guerra Fría los cohetes de Von Braun llevarían a los humanos a dejar sus primeras huellas en las suaves arenas del suelo lunar.

Von Braun fue un pionero y visionario de los viajes espaciales, es mundialmente conocido por su liderazgo en el proyecto aeroespacial americano durante la Carrera Espacial, habiendo trabajado como diseñador jefe del primer cohete de gran tamaño impulsado por combustible líquido producido en serie, el Aggregat 4, y por liderar el desarrollo del cohete Saturno V, que llevó a los astronautas de EE. UU. a la Luna en julio de 1969. Pero, a pesar de todas estas hazañas alcanzadas, no estaba solo, en el otro lado del planeta existía un visionario llamado Sergei Korolev, que desafiaría el reinado de Von Braun.

Sergei Pavlovich Korolev fue un científico visionario y líder del programa espacial soviético, responsable de algunos de los mayores avances de la humanidad en el espacio. A pesar de enfrentar desafíos increíbles, incluyendo la prisión y la persecución durante la época de la Unión Soviética, Korolev nunca dejó de creer en su visión y dedicó su vida a hacerla realidad.

Korolev nació en Rusia y desde muy joven descubrió su pasión por la ciencia y la exploración espacial. Estudió las leyes de la física y la mecánica, y pronto comenzó a trabajar en proyectos que lo llevaron a ser uno de los líderes del programa espacial soviético.

El programa espacial soviético alcanzó uno de sus mayores éxitos con el lanzamiento del primer satélite artificial de la historia, el Sputnik. Este evento cambió la historia de la ciencia y la exploración espacial para siempre, y Korolev fue uno de los hombres detrás de este increíble logro.

Además del Sputnik, Korolev también lideró el equipo que envió al primer astronauta a orbitar la Tierra, Yuri Gagarin. Este evento fue un hito histórico en la exploración espacial y mostró al mundo la capacidad de la ciencia soviética para alcanzar objetivos audaces en el espacio. Su dedicación y visión incansables inspiraron a generaciones de científicos y astronautas, y su historia es una lección de coraje y determinación.

Estos tres hombres son solo algunos de los muchos científicos que trabajaron incansablemente para llevarnos más allá de la Tierra y explorar el universo. Gracias a sus esfuerzos, hemos tenido éxito en lanzar misiones para estudiar el Sol, planetas, cometas y asteroides, e incluso enviar sondas interplanetarias para estudiar el espacio interestelar.

Ciertamente, debemos mucho a los trabajos de estos científicos, que nos han ayudado a alcanzar nuevos niveles en la exploración espacial. Y, sin duda, la ciencia espacial continuará creciendo y desafiándonos a explorar aún más lo desconocido.

Destino: La Luna, Marte y Más Allá

Desde un punto de vista romántico, la Tierra sigue siendo el lugar más significativo del universo para los humanos, ya que es nuestro hogar, la vida de la cual descendemos se originó y evolucionó aquí, los humanos, incluso con toda la ciencia y tecnología desarrollada a lo largo del tiempo, continuarán, al menos en las próximas décadas, en el mismo lugar. Con ciertos pesares, sin ninguna garantía de supervivencia como lo demuestran los acontecimientos de los últimos años, pero aquí estamos elaborando nuestro destino, aprendiendo del pasado, para que en el futuro podamos seguir existiendo como especie.

Ante el panorama actual por el cual pasa nuestra especie y el hecho de que aún debemos seguir aquí en la Tierra, quizás sea una de las principales razones para concienciarnos en no destruir nuestro mundo y ayudarnos mutuamente.

Quizás esa sea la receta para nuestra supervivencia, más amor y respeto hacia nosotros mismos y hacia las demás especies con las que compartimos este mundo. Pero, al mismo tiempo, invirtiendo recursos que nos permitan adquirir el conocimiento para explorar nuestras vecindades cósmicas y encontrar un lugar donde la especie humana pueda estar segura en caso de que la Tierra ya no ofrezca esa garantía. La colonización de la Luna y de Marte es el objetivo de muchas agencias espaciales y empresas privadas que planean enviar seres humanos e instalar estructuras permanentes en estos cuerpos celestes. La historia de la colonización de la Luna y de Marte aún se está escribiendo, pero algunos de los eventos y desarrollos más importantes incluyen:

-Misiones Apollo: La NASA lanzó una serie de misiones Apollo entre 1969 y 1972, que llevaron astronautas estadounidenses a la Luna. Durante estas misiones, los astronautas realizaron caminatas en la superficie lunar y recolectaron muestras de roca y suelo.

Figura IV.2: El rover Perseverance de la NASA, que actualmente está explorando el planeta Marte, se tomó esta selfie mirando uno de los 10 tubos de muestra depositados en el depósito de muestras que creó en un área apodada "Three Forks". Esta imagen fue tomada por la cámara WATSON en el brazo robótico del rover el 22 de enero de 2023, el día marciano 684, o sol, de la misión. Fuente: NASA/JPL-Caltech/MSSS.

-Misiones Viking: La NASA lanzó dos sondas Viking a Marte en 1975, que realizaron experimentos científicos en la superficie marciana y buscaron evidencia de vida.

-Misiones Rover: Desde 1996, la NASA ha enviado varias sondas Rover a Marte, que han explorado la superficie marciana y recolectado muestras de roca y suelo.

-Misiones habitacionales: La NASA y otras agencias espaciales están trabajando en proyectos para enviar seres humanos a la Luna y a Marte. Estos proyectos incluyen la creación de vehículos espaciales habitacionales, sistemas de soporte vital y tecnologías para extraer recursos naturales de los cuerpos celestes.

Las empresas privadas han comenzado a desempeñar un papel cada vez más importante en la exploración espacial. Algunos ejemplos incluyen:

-SpaceX: Fundada por Elon Musk, SpaceX es una empresa estadounidense que desarrolla cohetes y naves espaciales reutilizables. SpaceX ha realizado varios lanzamientos comerciales y también tiene contrato con la NASA para proporcionar transporte de carga y tripulación para la Estación Espacial Internacional.

-Blue Origin: Fundada por Jeff Bezos, Blue Origin es una empresa estadounidense que desarrolla cohetes y naves espaciales reutilizables. Blue Origin ha realizado varios lanzamientos comerciales y está trabajando en proyectos para llevar turistas y científicos al espacio.

-Virgin Galactic: Fundada por Richard Branson, Virgin Galactic es una empresa estadounidense que desarrolla naves espaciales turísticas. Virgin Galactic ha realizado varios vuelos de prueba y planea comenzar a ofrecer vuelos suborbitales comerciales en breve.

-Boeing: Una de las mayores fabricantes de aviones del mundo, Boeing está desarrollando vehículos espaciales y sistemas de transporte para llevar seres humanos y cargas a la Estación Espacial Internacional y otros destinos espaciales.

-Lockheed Martin: una de las mayores empresas de defensa del mundo,

Lockheed Martin está desarrollando tecnologías para la exploración espacial, como vehículos habitacionales y sistemas de propulsión. Estas son solo algunas de las empresas privadas que están trabajando en la exploración espacial.

Misión a las estrellas

Científicos de todo el mundo están trabajando para hacer posible las misiones a las estrellas, estos son proyectos para enviar naves espaciales a explorar sistemas estelares más allá de nuestro sistema solar. Hasta ahora, las misiones a las estrellas aún se consideran como proyectos futuristas, pero se están realizando esfuerzos significativos para hacerlos realidad.

-Proyecto Breakthrough Starshot: Es una iniciativa patrocinada por el Fondo Breakthrough para enviar una sonda a la estrella más cercana, Alpha Centauri, utilizando propulsión láser.

-Proyecto Ícaro: Una misión propuesta por la Agencia Espacial Europea (ESA) para enviar una sonda para estudiar las propiedades de una estrella más allá del sistema solar.

-Proyecto de misión espacial de larga duración: La NASA tiene planes para enviar una nave para estudiar una estrella cercana y sus planetas potencialmente habitables, como parte de sus esfuerzos de misión de larga duración para encontrar vida fuera de la Tierra.

-Proyecto de misión espacial de larga duración: La Agencia Espacial de China (CNSA) tiene planes de enviar una nave para estudiar una estrella cercana y sus planetas potencialmente habitables.

Estos son algunos de los principales proyectos que se están desarrollando para explorar las estrellas, sin embargo, aún se necesita mucha investigación y desarrollo para hacer estas misiones realidad debido a las dificultades técnicas y financieras.

Hasta ahora, solo algunas sondas espaciales han viajado por el espacio interestelar. Entre ellas las sondas Pioneer 10 y Pioneer 11 y las Voyager 1 y Voyager 2 fueron diseñadas para estudiar los planetas exteriores de nuestro Sistema Solar. En 2012, la Voyager 1 se convirtió en la primera nave en entrar al espacio interestelar, y la Voyager 2 la siguió en 2018. Ambas sondas aún están transmitiendo datos de vuelta a la Tierra.

Las sondas Helios 1 y Helios 2 lanzadas por la NASA y DLR (Agencia Espacial Alemana) en 1974 y 1976, respectivamente, fueron diseñadas para estudiar el sol y el viento solar. Ambas sondas ingresaron al espacio interestelar y continúan transmitiendo datos.

Lanzada por la NASA en 2006, la sonda New Horizons fue diseñada para estudiar Plutón y su sistema de satélites. En 2019, la New Horizons pasó por Ultima Thule, un objeto interestelar en el cinturón de Kuiper.

Estas sondas espaciales, viajando por el espacio interestelar, nos están permitiendo comprender mejor el universo y su dinámica, y también nos están permitiendo descubrir nuevos fenómenos y cuerpos celestes.

Mensajes a través del océano cósmico

En esta parte del libro, me gustaría hablar sobre dos misiones espaciales fascinantes y pioneras: las sondas Pioneer 10 y 11. Lanzadas en 1972 y 1973, respectivamente, estas sondas fueron las primeras en viajar a través del Cinturón de Asteroides y visitar Júpiter y Saturno. Pero lo que las hizo aún más notables fueron los mensajes que llevaban, destinados a posibles formas de vida extraterrestre.

Las sondas Pioneer fueron las primeras en llevar una placa de identificación para ser vista por otras civilizaciones potenciales. La placa fue diseñada por Frank Drake y Carl Sagan. La placa incluía información sobre la Tierra, como nuestra ubicación en el sistema solar y figuras humanas para representar la apariencia de los seres humanos.

Además de la placa, las sondas también llevaban un mensaje de radio, que contenía sonidos e imágenes seleccionados para representar la diversidad de la vida en la Tierra. El objetivo era enviar un mensaje de paz y amistad a cualquier civilización que pudiera interceptar la sonda.

Las sondas Pioneer continuaron enviando datos hasta 1995 y, aunque perdieron contacto con la Tierra, siguen en un viaje por el espacio profundo. Actualmente, la Pioneer 10 está a unos 15 mil millones de kilómetros de la Tierra, y la Pioneer 11 está a unos 13 mil millones de kilómetros. Ambas se dirigen hacia el espacio interestelar, llevando consigo el mensaje que esperamos que algún día sea visto y comprendido por otras formas de vida.

Estas misiones fueron hitos importantes en la exploración del es-

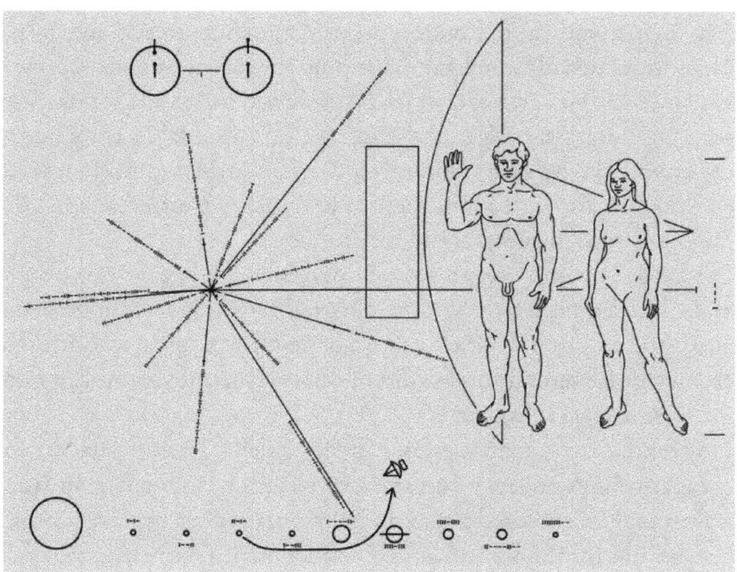

Figura IV.3: Placa enviada a bordo de las sondas Pioneer 10 y 11. Créditos: NASA Ames Research Center (NASA-ARC) - Ames Pioneer 10.

pacio y en la búsqueda de vida extraterrestre. La placa y el mensaje enviados por las sondas Pioneer simbolizan nuestra curiosidad, nuestro deseo de explorar y nuestra esperanza de establecer contacto con otras formas de vida en el universo.

Lanzadas en 1977, las Voyager 1 y 2 fueron las primeras naves espaciales en explorar los planetas exteriores de nuestro sistema solar, incluyendo Júpiter, Saturno, Urano y Neptuno. Además, llevan consigo un mensaje que pretende representar a la humanidad ante posibles formas de vida inteligente que puedan encontrar en el espacio. Este mensaje está grabado en un disco de oro sujeto a la sonda, que contiene sonidos, imágenes e información sobre la Tierra y nuestra especie, incluyendo saludos en diversos idiomas, imágenes del cuerpo humano y de monumentos y paisajes terrestres, además de fragmentos de música y sonidos naturales.

La idea del mensaje es representar la diversidad de la vida y la cultura en la Tierra y mostrar un poco sobre la humanidad a quien pueda encontrarlo. Esto fue una iniciativa increíble y pionera, que mostró el deseo de los seres humanos de conectarse con otras formas de vida inteligente en el universo.

Hoy en día, estas sondas están muy lejos de la Tierra, viajando en el espacio interestelar, y aún transmiten datos e información para nosotros. Continúan desafiando las fronteras de la exploración espacial y nos inspiran a buscar más conocimiento sobre nuestro universo.

La misión de las sondas Voyager es un verdadero homenaje a la ciencia y a la curiosidad humana y un ejemplo de cómo la ciencia puede unir a las personas en busca de respuestas. Estamos ansiosos por descubrir cuáles misterios las Voyager aún nos revelarán.

Futuras misiones espaciales

Continuando con el legado dejado por Tsiolkovsky, Korolev y von Braun, las futuras misiones espaciales prometen ser emocionantes y llenas de descubrimientos. Aquí hay algunas posibilidades interesantes: La exploración de Marte seguirá siendo un enfoque importante para futuras misiones espaciales. Con varias misiones ya planificadas y en curso, podemos esperar aprender mucho más sobre el planeta rojo, incluida la posibilidad de colonización humana. El regreso a la Luna ocurrirá después de décadas, los planes para una nueva misión tripulada a la Luna están en marcha. Esto puede incluir nuevos programas de exploración lunar, así como la posibilidad de construir una base en la Luna.

La búsqueda de planetas habitables fuera de nuestro sistema solar continuará, con nuevas misiones diseñadas para detectar y estudiar planetas en otras estrellas. Mientras la exploración de Marte y la Luna continúa, futuras misiones también podrían explorar otros lugares en el sistema solar, como los planetas gaseosos de Júpiter y Saturno, así como las lunas heladas de Júpiter y Saturno, como Europa y Encélado.

Las misiones espaciales también seguirán impulsando el desarrollo de nuevas tecnologías e innovaciones, incluyendo tecnologías de propulsión más avanzadas, nuevos materiales y técnicas de fabricación, y tecnologías de soporte vital para futuras misiones tripuladas.

Del espacio a la Tierra

Personalmente, me gustaría expresar mi sincera gratitud a todos los científicos que dedican sus vidas a la exploración espacial. Ustedes son los pioneros que empujan los límites del entendimiento humano y abren camino para nuevos descubrimientos que benefician a toda la humanidad.

Muchos pueden pensar que la inversión en la exploración espacial es un gasto innecesario, pero yo argumento que es exactamente lo contrario. Cada dólar invertido en la exploración espacial es una inversión en nuestro futuro, ya que todas las tecnologías desarrolladas para este propósito terminan beneficiando a la Tierra.

Desde el inicio de la exploración espacial, hemos visto una serie de descubrimientos directos para la humanidad, gracias a la dedicación y pasión de muchos científicos brillantes.

La exploración espacial nos ha permitido desarrollar nuevas tecnologías, como satélites de comunicación, tecnología de navegación GPS y medicamentos y equipos médicos avanzados. Además, la estación espacial internacional ha sido una plataforma crucial para el avance de la ciencia, permitiendo a los científicos estudiar la microgravedad y su impacto en el cuerpo humano, así como realizar experimentos en Biología, Física y Química.

Pero la verdadera riqueza de la exploración espacial está en las personas detrás de ella, los científicos dedicados y brillantes que trabajan día tras día para expandir nuestra comprensión del universo y de la vida a nuestro alrededor. Ellos son los verdaderos héroes de la ciencia, y su pasión y dedicación son un ejemplo para todos nosotros. Me emociona pensar en las posibilidades de la exploración espacial y en las tecnologías que aún están por venir. Y espero que ustedes también se sientan inspirados por la dedicación y pasión de los científicos que trabajan en este campo y que sigan explorando y descubriendo las maravillas del universo que nos rodea.

Capítulo V

Los científicos y sus teorías

Las teorías son como lentes a través de las cuales vemos el mundo. Y, a veces, necesitamos nuevas lentes para ver cosas que antes eran invisibles.

Stephen Hawking

Las teorías científicas son como mapas, siempre en desarrollo y actualización, pero proporcionándonos una comprensión cada vez más precisa de la realidad.

Brian Green

Los científicos buscan comprender la naturaleza y las leyes que gobiernan el universo, y es a través del desarrollo de teorías científicas que llegan a ese entendimiento. Pero no es suficiente solo tener una teoría, es necesario probarla y validarla a través de experimentos y observaciones rigurosas. Por lo tanto, es crucial valorar y apoyar la ciencia y sus científicos para que podamos continuar expandiendo nuestra comprensión del mundo y la naturaleza.

En otras palabras, las teorías científicas son como una lente para el universo, permitiéndonos ver las cosas de una forma más clara y objetiva. Gracias a los científicos, que dedican sus vidas al estudio y la comprensión del mundo natural, tenemos las teorías científicas que conocemos hoy. Ellos son los verdaderos aventureros de la mente, explorando lo desconocido y trayendo información valiosa sobre el mundo natural. Como he estado hablando a lo largo de este libro, desde los antiguos filósofos griegos hasta los científicos modernos, la humanidad ha buscado comprender el mundo natural y los fenómenos que ocurren a su alrededor. Fue así que, a lo largo de los siglos, hemos sido testigos del surgimiento y desarrollo de teorías revolucionarias, como la teoría heliocéntrica de Copérnico, que colocó al Sol en el centro del sistema solar, o la teoría de la evolución de Darwin, que cambió la forma en que entendemos el origen de la vida en la Tierra.

Pero no podemos olvidar las teorías científicas más recientes, como la teoría de la relatividad de Einstein, que revolucionó la forma en que entendemos el espacio y el tiempo, o la teoría de la física cuántica, que explica cómo la materia y la energía se relacionan en el universo. Cada una de estas teorías fue desarrollada por un científico brillante que dedicó su vida a la comprensión del mundo natural. Y cada una de ellas es una piedra importante en el edificio de la ciencia, ayudando a construir una imagen más clara y completa del universo. El proceso por el cual se desarrollan las teorías científicas es un viaje fascinante que comienza con la recolección de datos precisos y exactos. A continuación, estos datos se analizan cuidadosamente, buscando patrones y relaciones que puedan proporcionar pistas sobre cómo funciona el universo. A partir de ahí, los científicos formulan hipótesis, ideas que intentan explicar cómo funcionan las cosas y que pueden ser probadas mediante experimentos rigurosos. Estos experimentos ayudan a refinar o refutar las hipótesis, lo que eventualmente lleva a la formulación de una teoría más sólida y robusta.

Es importante destacar que el proceso de desarrollo de teorías científicas es continuo y nunca realmente termina. Pueden surgir nuevos datos en cualquier momento que puedan cambiar nuestra comprensión de las cosas, y es por eso que la ciencia es un esfuerzo en constante evolución. Pero, ¿qué hace que todo esto sea tan importante? Bueno, las teorías científicas son la base de nuestra comprensión del mundo y de todo lo que nos rodea. Nos permiten explicar y predecir eventos naturales, desde la formación de tormentas hasta los orígenes del universo. Y no solo eso, también proporcionan la base para la innovación tecnológica y la creación de nuevos medicamentos y tecnologías que cambian nuestras vidas.

Charles Darwin y la evolución

La Teoría de la Evolución por Selección Natural es una de las teorías científicas más importantes y revolucionarias de todos los tiempos y volveremos a hablar de ella en los próximos capítulos. Fue desarrollada por Charles Darwin a lo largo de muchos años de investigación y observación, y ha sido confirmada y reforzada por décadas de evidencias empíricas.

La Teoría de la Evolución por Selección Natural afirma que las especies evolucionan a lo largo del tiempo mediante una combinación de variación genética aleatoria y selección natural. En otras palabras, las especies que poseen características más adaptadas a su entorno tienen más probabilidades de sobrevivir y reproducirse, transmitiendo esas características a las generaciones futuras. Con el tiempo, estos pequeños cambios acumulados pueden llevar a transformaciones significativas en la forma y función de las especies.

Charles Darwin formuló esta teoría después de un viaje de cinco años a bordo del barco HMS *Beagle*, durante el cual tuvo la oportunidad de recolectar muestras de plantas y animales de todo el mundo. Sus observaciones de la variedad biológica en diferentes partes del mundo y su comprensión de la selección natural en la agricultura y la cría de animales domésticos lo llevaron a desarrollar la Teoría de la Evolución por Selección Natural.

Los científicos de la Física Cuántica

La Teoría de la Física Cuántica describe la naturaleza de la realidad a nivel subatómico y se ha utilizado para explicar una amplia gama de fenómenos, desde la estructura de los átomos hasta la naturaleza de la radiación electromagnética.

La Física Cuántica fue desarrollada por una serie de científicos a lo largo de varios años, incluyendo a Max Planck, Albert Einstein, Niels Bohr, Erwin Schrödinger y Werner Heisenberg. Cada uno de estos científicos contribuyó con conceptos importantes para la teoría, como la naturaleza cuantizada de la energía, el concepto de incertidumbre cuántica y la descripción de la evolución cuantizada de sistemas.

Según la Teoría de la Física Cuántica, la realidad no puede describirse de manera determinista, como ocurre en la Física Clásica. En cambio, la realidad se describe en términos de probabilidades, y las partículas subatómicas se comportan como ondas y como partículas al mismo tiempo. Además, la Teoría de la Física Cuántica describe cómo las partículas interactúan con su entorno, como la medición cuántica que puede cambiar el estado de una partícula.

La comprensión de la naturaleza subatómica del universo ha permitido la creación de tecnologías como láseres, transistores, dispositivos de almacenamiento de información, entre otros. Además, la Física Cuántica también ha sido fundamental para el desarrollo de tecnologías más avanzadas, como la computación cuántica, que promete revolucionar la forma en que tratamos y procesamos información. Es una verdadera maravilla ser testigo del poder de la ciencia y el conocimiento humano para ayudar a dar forma y mejorar nuestra vida y el mundo que nos rodea.

Gregor Mendel y la Teoría de la Genética

La teoría de la Genética tiene una influencia fundamental en nuestra comprensión de la vida. Esta teoría describe cómo se transmite la información genética de generación en generación y cómo influye en las características de una especie.

La Teoría de la Genética tiene sus raíces en el trabajo del monje austriaco Gregor Mendel, quien vivió en el siglo XIX. Mendel llevó a cabo experimentos rigurosos con plantas de guisantes y descubrió las leyes de la herencia genética que ahora se conocen como las "Leyes de Mendel". Descubrió que los rasgos hereditarios se transmiten de padres a hijos a través de unidades hereditarias llamadas genes, y que los genes pueden ser dominantes o recesivos.

Los descubrimientos de Mendel fueron olvidados durante muchos años, pero fueron redescubiertos a principios del siglo XX y rápidamente se convirtieron en una parte fundamental de la Teoría de la Genética. Desde entonces, la Teoría de la Genética ha sido continuamente desarrollada y perfeccionada, llevando al descubrimiento de moléculas como el ADN y ARN y a la comprensión de cómo codifican la información genética.

La Teoría de la Genética es otra de las grandes realizaciones de la ciencia moderna y ha revolucionado nuestra comprensión de la vida. La Teoría de la Genética tiene implicaciones profundas para la Biología, para la Medicina y para la Agricultura, y seguirá teniendo un impacto importante en nuestras vidas por muchas generaciones. Todo esto comenzó con los notables descubrimientos de Gregor Mendel y su dedicación a la ciencia.

Rudolf Clausius y la Termodinámica

La Teoría de la Termodinámica es una de las principales herramientas para entender la relación entre energía y entropía durante las transformaciones físicas y térmicas de un sistema. Su pionero fue el físico alemán Rudolf Clausius, quien desarrolló la primera forma de la ley de la termodinámica. De acuerdo con esta ley, la entropía de un sistema cerrado siempre aumenta a lo largo del tiempo. Clausius también fue responsable de concebir la noción de energía térmica, o calor, como una forma de energía que puede ser transferida entre sistemas.

Los descubrimientos de Clausius fueron desarrollados y perfeccionados por otros científicos a lo largo del tiempo, llevando a la formación de la Teoría de la Termodinámica moderna. Esta teoría es de fundamental importancia en diversas áreas, como ingeniería, física, química y biología. De hecho, la teoría tiene implicaciones profundas para muchos campos, ayudándonos a comprender cómo funciona el universo.

En resumen, la Teoría de la Termodinámica nos permite entender cómo la energía y la entropía están interrelacionadas durante las transformaciones físicas y térmicas de un sistema. Esta teoría surgió a partir de los trabajos de Rudolf Clausius, quien desarrolló la primera ley de la termodinámica y la noción de energía térmica. A partir de ahí, científicos de diferentes áreas contribuyeron para perfeccionar la teoría, convirtiéndola en una herramienta esencial para la comprensión del mundo que nos rodea.

Alessandro Volta y la Electroquímica

La Teoría de la Electroquímica es una de las teorías más fascinantes de la ciencia, que ha desempeñado un papel fundamental en la comprensión de la naturaleza de la electricidad y la Química. Sus raíces pueden encontrarse en los descubrimientos del científico italiano Alessandro Volta, que vivió en el siglo XIX. Volta es una figura notable en la historia de la ciencia, pues fue él quien desarrolló la primera pila eléctrica y descubrió la relación entre la Química y la electricidad.

Gracias a los descubrimientos de Volta y otros científicos que trabajaron en electroquímica, la teoría ha sido aplicada en una amplia variedad de campos. La tecnología de baterías, por ejemplo, es un campo que depende directamente de los principios de la electroquímica. Además, la electroquímica ha sido crucial para la producción de energía y la tecnología de sensores, y ha proporcionado nuevas informaciones sobre la biología celular y la naturaleza de la vida.

La importancia de Volta en la historia de la electroquímica no puede ser subestimada. Su descubrimiento de la pila eléctrica llevó al descubrimiento de la electricidad continua, y su comprensión de la relación entre la Química y la electricidad fue un logro notable en un momento en que la naturaleza de la electricidad aún era mal comprendida. Sin el trabajo pionero de Volta, la teoría de la electroquímica podría haber llevado mucho más tiempo para desarrollarse.

En resumen, la Teoría de la Electroquímica es una de las teorías más importantes de la ciencia, con aplicaciones en una amplia variedad de campos. Las raíces de la teoría pueden encontrarse en los descubrimientos de Alessandro Volta, un científico notable que fue pionero en la comprensión de la relación entre la Química y la electricidad. La teoría de Volta y otros científicos posteriores ha tenido un impacto enorme en la tecnología y en la comprensión de la vida, convirtiéndola en una de las teorías más importantes de la ciencia moderna.

René Descartes y la Geometría Analítica

La Teoría de la Geometría Analítica es una de las teorías más importantes y fundamentales de la Matemática. Ha desempeñado un papel vital en la evolución de la ciencia y la tecnología, permitiendo a los matemáticos y científicos comprender y modelar el mundo que los rodea de una forma completamente nueva y revolucionaria.

La Teoría de la Geometría Analítica tiene sus raíces en los descubrimientos de René Descartes, el filósofo y matemático francés que vivió en el siglo XVII. Descartes fue el primero en unir la geometría y el álgebra, creando una nueva forma de representar las relaciones matemáticas usando coordenadas cartesianas. Con su teoría, permitió a los matemáticos visualizar y estudiar las formas matemáticas de una forma completamente nueva e innovadora.

La Teoría de la Geometría Analítica desarrollada por Descartes ha sido aplicada en una amplia variedad de campos, incluyendo la Física, la Ingeniería, la Arquitectura, la Economía y mucho más. También ha sido crucial para la comprensión de la computación gráfica y la representación visual de la información matemática.

Carl Sagan y la Astrobiología

La Teoría de la Astrobiología es un área de estudio increíblemente fascinante que explora la posibilidad de vida fuera de la Tierra. Aunque Carl Sagan no formuló formalmente la teoría de la astrobiología, fue uno de los primeros en explorar y popularizar la idea de que la vida puede existir en otros lugares del universo.

En la década de 1950, comenzó a estudiar la posibilidad de vida fuera de la Tierra, teniendo en cuenta el creciente entendimiento de la Astronomía y la Biología de la época. Sagan creía firmemente que la vida es una propiedad fundamental de la naturaleza y que la existencia de planetas habitables en otras partes del universo era una posibilidad real.

La Teoría de la Astrobiología se basa en la idea de que la vida puede originarse y desarrollarse en otros planetas, si se presentan las condiciones adecuadas. Esto incluye la presencia de agua líquida, un ambiente estable con temperaturas adecuadas y una fuente de energía para la vida. Además, la teoría también sugiere que la vida puede desarrollarse de diferentes formas en diferentes planetas, basándose en sus condiciones únicas.

Desde entonces, la Teoría de la Astrobiología ha evolucionado para incluir la investigación sobre la detección y caracterización de planetas fuera de nuestro sistema solar, la investigación sobre cómo la vida pudo haberse originado en la Tierra y la búsqueda de evidencias de vida en otros planetas. Personalmente, estoy fascinado con la posibilidad de descubrir vida en otros planetas y estoy emocionado de ver cómo esta teoría se desarrollará en el futuro, cuando surjan pruebas concretas de la existencia de vida en otros mundos.

Louis Pasteur y Microbiología

La Teoría de la Microbiología, formulada por Louis Pasteur, es una de las teorías más importantes y revolucionarias en la historia de la ciencia. Esta teoría cambió completamente la forma en que pensamos sobre la vida y la salud, y ha tenido un impacto duradero y profundo en nuestra sociedad.

Antes de Pasteur, las personas creían en la teoría de la generación espontánea, según la cual los organismos vivos pueden aparecer de la nada, a partir de materia inanimada. Sin embargo, Pasteur desafió esta creencia con sus descubrimientos y experimentos rigurosos.

La Teoría de la Microbiología de Pasteur sostiene que todos los seres vivos provienen de seres vivos similares. Demostró que los microorganismos, como las bacterias y los virus, son responsables de las enfermedades y que la prevención de infecciones depende de la eliminación de microorganismos patógenos. Además, desarrolló técnicas de esterilización para evitar la contaminación de alimentos y medicamentos, lo que revolucionó la industria alimentaria y farmacéutica.

Pasteur también descubrió la fermentación, el proceso por el cual las bacterias convierten azúcares en alcohol y dióxido de carbono, y estableció la base para la industria de la cerveza, el vino y la levadura.

Santiago Ramón y Cajal y la Neurociencia

La Teoría de la Neurociencia, formulada por Santiago Ramón y Cajal, es una de las teorías más importantes y revolucionarias en la historia de la ciencia. Esta teoría cambió completamente la forma en que pensamos sobre el sistema nervioso y el cerebro, teniendo un impacto duradero y profundo en nuestra comprensión de la conciencia, la memoria, el comportamiento y la salud mental.

Antes de Cajal, las personas creían que el sistema nervioso estaba formado por una masa continua de tejido, sin estructura definida.

Sin embargo, Cajal cambió esa creencia con sus descubrimientos y experimentos rigurosos.

La Teoría de la Neurociencia de Cajal sostiene que el sistema nervioso está formado por una red de células nerviosas aisladas, o neuronas, que se conectan entre sí a través de sinapsis. Descubrió las estructuras microscópicas de las neuronas y estableció la base para la comprensión de la transmisión de señales nerviosas y la plasticidad neuronal.

Además, Cajal estableció las bases para la comprensión de la neurodegeneración y el envejecimiento cerebral, y tuvo un impacto profundo en nuestra comprensión de la enfermedad de Alzheimer y de otras condiciones neurológicas.

Marie Curie y la Radioactividad

La Teoría de la Radioactividad, formulada por Marie Curie, es una de las teorías más importantes y revolucionarias en la historia de la ciencia. Su teoría cambió completamente la forma en que pensamos sobre la materia y la energía, y tuvo un impacto duradero y profundo en nuestra comprensión de la Física, la Química y la Medicina. Marie Curie fue una científica excepcional que realizó experimentos rigurosos y descubrió elementos que cambiarían para siempre nuestra comprensión del universo.

Antes de Curie, las personas creían que la materia era estable y no cambiaba a lo largo del tiempo. Curie cambió esa creencia con sus descubrimientos y experimentos. La Teoría de la Radioactividad de Curie sostiene que algunas sustancias son radioactivas, es decir, emiten radiación, y que esta radiación tiene un origen subatómico. El descubrimiento de los elementos polonio y radio abrió nuevos caminos para la comprensión de la radioactividad natural y artificial, la fisión nuclear y la fusión nuclear.

Además de su impacto en Física y Química, Curie tuvo un impacto profundo en nuestra comprensión de la medicina. La radioactividad se utiliza en muchos tratamientos médicos, incluida la radioterapia, que se usa en el tratamiento de varios tipos de cáncer. Esta técnica ha salvado innumerables vidas desde su descubrimiento y es un ejemplo concreto del impacto de la teoría de Curie en la medicina.

En resumen, la Teoría de la Radioactividad de Curie es una de las teorías más importantes y revolucionarias en la historia de la ciencia, teniendo un impacto profundo en nuestra comprensión de la Física, la Química y la Medicina. Los descubrimientos de Curie abrieron nuevos caminos para la comprensión de la radioactividad natural y artificial, la fisión nuclear y la fusión nuclear. Su teoría también tiene aplicaciones en la medicina, salvando innumerables vidas mediante tratamientos de radioterapia. Marie Curie es una de las científicas más notables e inspiradoras de todos los tiempos.

Gerald Kuiper y Geología Planetaria

La Geología Planetaria formulada por Gerald Kuiper es una de las teorías más importantes y revolucionarias en la historia de la ciencia planetaria. Esta teoría cambió la forma en que pensamos sobre los planetas de nuestro sistema solar y sobre la formación y evolución de los sistemas planetarios en general.

Antes de la teoría de Kuiper, las personas creían que los planetas se formaban de manera aislada, uno a uno, a partir de una nube de gas y polvo. Sin embargo, Kuiper presentó evidencias convincentes de que los planetas se forman a partir de una nube colectiva de material y que esta nube se contrae y se transforma en planetas.

La Teoría de la Geología Planetaria de Kuiper también explica cómo los planetas adquieren su masa, cómo se forman las lunas y cómo los planetas evolucionan a lo largo del tiempo. Además, la teoría proporciona una base sólida para comprender la formación de otros sistemas planetarios alrededor de otras estrellas y cómo los planetas pueden ser habitables. Pero la Geología Planetaria no es solo una cuestión académica, también tiene implicaciones profundas para nuestra comprensión de la vida en el universo. La investigación en esta área puede ayudarnos a descubrir otros planetas habitables y a comprender cómo surgió la vida en nuestro propio planeta.

Capítulo VI

Nuestras orígenes

La evolución es una lucha por la supervivencia, no solo entre las especies, sino también dentro de cada especie.

Charles Darwin

El origen de la vida es una cuestión fundamental de la biología y la astrobiología, y puede darnos una visión más profunda del universo.

Carl Sagan

*D*esde tiempos primitivos, los seres humanos han buscado comprender los orígenes de la vida y de dónde venimos. La ciencia es la herramienta más poderosa que tenemos para obtener conocimiento sobre el mundo y para responder a estas preguntas fundamentales.

Los científicos que trabajan en la vanguardia para comprender el origen de la vida están utilizando métodos rigurosos y precisos para examinar las evidencias y formular hipótesis. Están probando teorías y construyendo modelos para explicar cómo surgió la vida en la Tierra.

La evolución es un hecho fundamental en la comprensión de los orígenes de la vida. La teoría de la evolución por selección natural explica cómo la vida se desarrolló a lo largo del tiempo y cómo las especies se adaptaron a los cambios en el ambiente. Los científicos están utilizando la evolución para reconstruir el árbol genealógico de la vida y para entender cómo surgieron las diferentes especies.

Además, los científicos están investigando la biología molecular y la genética para descubrir cómo las moléculas básicas de la vida, como el ADN y las proteínas, surgieron y evolucionaron. Están utilizando técnicas avanzadas para estudiar las primeras formas de vida y para descubrir cómo se desarrollaron las células.

El descubrimiento de los orígenes de la vida es un viaje continuo y estos científicos en la vanguardia son los verdaderos exploradores, buscando respuestas a preguntas profundas y complejas. Están desafiando nuestras creencias y cambiando la forma en que pensamos sobre el mundo y sobre nosotros mismos. Son ejemplos de cómo la ciencia puede ayudarnos a alcanzar una comprensión más profunda y precisa de la naturaleza de la vida y del universo. Existen varias teorías sobre los orígenes de la vida, como por ejemplo:

-Teoría del origen químico: Según esta teoría, la vida surgió a partir de moléculas simples, como aminoácidos y nucleótidos, que se combinaron para formar moléculas más complejas, como proteínas y ácidos nucleicos.

-Teoría del origen cósmico: Esta teoría sugiere que la vida surgió a partir de materia orgánica presente en cometas y meteoritos que cayeron en la Tierra.

-Teoría de la panspermia: Según esta teoría, la vida surgió en otro planeta y fue transportada a la Tierra por medio de cuerpos celestes, como cometas o meteoritos. -Teoría del origen espontáneo: Esta teoría sugiere que la vida surgió a partir de procesos químicos espontáneos en la Tierra primitiva.

Actualmente, la teoría más aceptada es la del origen químico, que sostiene que la vida surgió a partir de moléculas simples que se combinaron para formar moléculas más complejas, como proteínas y ácidos nucleicos. La búsqueda de los orígenes de la vida es un campo en constante evolución. Diversos científicos alrededor del mundo continúan en la vanguardia, realizando nuevos descubrimientos, utilizando herramientas cada vez más tecnológicas y trabajando arduamente para contribuir a nuestra comprensión del tema.

Los científicos que estudian el origen de la vida son conocidos como "investigadores del origen de la vida "(OOL, por sus siglas en inglés). Utilizan una variedad de enfoques, como química, biología, física y astrobiología, para intentar entender cómo surgió la vida en la Tierra. Estudian cómo las moléculas simples pueden unirse para formar moléculas más complejas y cómo estas moléculas pueden evolucionar para convertirse en células vivas. También estudian las condiciones ambientales que pueden haber favorecido el surgimiento de la vida en la Tierra, así como las posibilidades de vida en otros planetas o satélites.

¿Qué es esa tal de vida?

La vida es un concepto complejo que aún está siendo estudiado y comprendido por la ciencia. Sin embargo, existen algunas características comunes que generalmente se consideran como definitorias de vida. Algunas de estas características incluyen:
-Metabolismo: La capacidad de procesar nutrientes y transformarlos en energía es una característica fundamental de la vida.
-Crecimiento y reproducción: La capacidad de crecer y reproducirse es esencial para la continuidad de la vida.
-Respuesta a estímulos: La capacidad de responder a estímulos del ambiente es una característica fundamental de la vida.
-Adaptación: La capacidad de adaptarse al ambiente es esencial para la supervivencia.
-Complejidad: La vida está compuesta de sistemas complejos de moléculas y células que trabajan juntas de manera coordinada.
A pesar de las características enumeradas arriba, todavía hay mucho

debate científico sobre qué es exactamente la vida. La ciencia sigue intentando entender cómo y por qué la vida surgió en la Tierra y si es algo común en otros lugares del universo.

La vida en el universo

La posibilidad de la existencia de vida en otros lugares del universo es estudiada por una rama de la ciencia llamada Astrobiología, que es el área científica que explora las fronteras del conocimiento sobre la vida en el universo, es decir, la búsqueda de respuestas a preguntas profundas y eternas sobre nuestro origen y nuestra conexión con el cosmos.

Nosotros, los seres humanos, siempre hemos buscado entender nuestra posición en el universo y la Astrobiología es la herramienta que nos permite hacerlo, examinando las evidencias de vida en otros planetas y sistemas estelares. Este es un emocionante viaje, lleno de desafíos y misterios por descubrir, pero sobre todo, es una oportunidad para expandir nuestros horizontes y descubrir nuestra verdadera naturaleza como seres vivos en un universo lleno de vida potencial.

La Astrobiología es la ciencia que se centra en comprender la vida en el universo, incluyendo su origen, evolución, distribución y posibilidad de existir en otros planetas. Y, como parte de esta búsqueda, necesitamos tener una definición clara de vida.

De acuerdo con esta definición, podemos interpretar la vida como cualquier forma de existencia autosostenible y con capacidad de evolucionar, independientemente de si está basada en moléculas orgánicas o si es similar a organismos conocidos en la Tierra. Esto incluye la posibilidad de que exista vida basada en otras moléculas o estructuras químicas, o incluso, hasta vida no biológica, como inteligencia artificial o algún otro tipo de vida. Además, la Astrobiología considera la presencia de moléculas orgánicas, como proteínas y ácidos nucleicos, como una indicación de vida. En resumen, la definición de vida en Astrobiología se basa en patrones observados en la vida en la Tierra, pero también está abierta a cambios a medida que descubrimos más sobre la vida en otros lugares del universo.

Proceso evolutivo

Los científicos que estudian el proceso evolutivo de la vida son verdaderos exploradores de la naturaleza, buscando comprender las leyes que rigen el cambio a lo largo del tiempo. Estudian el pasado de la vida en la Tierra, trazando el linaje de las especies hasta sus ancestros comunes.
Investigan cómo la selección natural y otras fuerzas evolutivas han dado forma a la biodiversidad de nuestro planeta. Estos científicos son pioneros, buscando respuestas a las preguntas más profundas sobre la vida y su evolución. Son detectives de la biología, analizando las evidencias y reconstruyendo la historia de la vida en todo el mundo.
Estos científicos forman parte de una tradición de investigadores apasionados que buscan comprender la naturaleza de la vida y cómo se ha desarrollado y diversificado a lo largo del tiempo. El proceso

evolutivo de la vida es el proceso por el cual la vida surgió y evolucionó a lo largo del tiempo en la Tierra. Comenzó hace unos 4,5 mil millones de años, cuando la Tierra era un ambiente hostil y continuó hasta el presente.

Como se mencionó anteriormente, según la teoría del origen químico, fue la formación de moléculas simples la que inició el camino hacia la vida. Estas moléculas, a su vez, evolucionaron para formar células vivas.

Después de originarse, las células vivas pasaron por un proceso de evolución biológica, que incluyó la selección natural y la mutación genética. La selección natural es el proceso por el cual las células vivas con mejores características adaptativas sobreviven y se reproducen con mayor éxito, mientras que las células menos adaptadas mueren. La mutación genética es el proceso por el cual ocurren cambios aleatorios en los genes de las células vivas. A lo largo del tiempo, estos procesos evolutivos llevaron a la diversidad de formas de vida que existen hoy en la Tierra, incluyendo plantas, animales, hongos y microorganismos. Este proceso continúa hasta el día de hoy, con las especies que se adaptan mejor al medio ambiente teniendo más posibilidades de sobrevivir y reproducirse.

Un experimento clásico sobre el origen de la vida

Siempre nos hemos preguntado cómo surgió la vida en la Tierra y si existe vida en otros planetas. Para responder a estas preguntas, los científicos han realizado experimentos notables, como el experimento de Stanley Miller-Urey.

El experimento de Stanley Miller-Urey fue uno de los primeros en explorar la hipótesis del origen de la vida a partir de compuestos simples en la Tierra primitiva. Simuló las condiciones presentes en la Tierra primitiva, incluyendo la presencia de gases como amoníaco, metano y vapor de agua, y los sometió a descargas eléctricas que simulaban rayos. El resultado fue sorprendente, ya que Miller descubrió que las reacciones químicas producían una variedad de compuestos orgánicos, incluyendo aminoácidos, que son los bloques fundamentales de la vida.

Carl Sagan, también realizó un experimento similar para estudiar los orígenes de la vida. El experimento buscó simular las condiciones presentes en planetas del sistema solar y satélites naturales, como la luna de Júpiter, Europa o la luna Titán en Saturno y su posibilidad de albergar formas de vida. El experimento de Stanley Miller-Urey y de Carl Sagan son solo algunos ejemplos de la búsqueda de la ciencia por comprender el origen de la vida. Aunque todavía hay mucho por descubrir, estos experimentos proporcionan una visión importante de la complejidad y fascinante naturaleza de la vida en el universo.

La selección natural

Desde el surgimiento de la vida en la Tierra, hace aproximadamente 3,5 mil millones de años, el proceso de selección natural ha sido el motor de la evolución. A partir de una única célula, la vida evolucionó y se diversificó en una amplia variedad de formas, desde simples algas hasta los complejos seres humanos.

La selección natural es la fuerza que permite que las especies mejoren a lo largo del tiempo, haciéndolas más aptas para sobrevivir y reproducirse. Aquellos individuos que poseen características beneficiosas para su supervivencia tienen más probabilidades de pasar sus genes a las generaciones futuras.

Pero la evolución no se limita solo a la Tierra. El universo está compuesto por miles de millones de sistemas planetarios y estrellas, y es posible que la vida pueda existir en algún lugar fuera de nuestro sistema solar. Aunque todavía no hemos encontrado evidencia de vida extraterrestre, la búsqueda de vida más allá de la Tierra es un área activa de investigación en Astrobiología. No hay duda de que la selección natural es un proceso fundamental para la evolución de la vida en la Tierra. Es igualmente probable que este mismo proceso esté ocurriendo en otras partes del universo. La selección natural es un proceso biológico que ocurre en base a presiones ambientales e interacciones entre individuos y sus características hereditarias. Es ampliamente aceptado que la selección natural es una de las principales fuerzas evolutivas en la Tierra, y es probable que actúe de manera similar en otros planetas o satélites naturales donde la vida pueda existir.

Sin embargo, es importante señalar que la selección natural se basa en presiones ambientales específicas de un planeta o luna, y estas presiones pueden ser muy diferentes a las encontradas en la Tierra. Por ejemplo, en un planeta con una atmósfera muy densa, las características adaptativas para sobrevivir y reproducirse pueden ser diferentes a las necesarias en un planeta con una atmósfera enrarecida. Además, la selección natural puede verse influenciada por la presencia o ausencia de otras formas de vida en el planeta o luna, así como por la presencia de diferentes recursos naturales.

En resumen, la evolución a través de la selección natural es una historia fascinante del viaje de la vida en la Tierra y posiblemente en todo el universo. Es un viaje lleno de desafíos y descubrimientos, y apenas estamos comenzando a comprenderlo. La Astrobiología es la disciplina que nos permite explorar este viaje y descubrir las respuestas a algunas de las preguntas más profundas y fascinantes sobre la vida, el universo y todo lo demás.

El desafío a la teoría de Darwin

La teoría de la evolución por selección natural de Charles Darwin es ampliamente aceptada en la comunidad científica, pero también ha sido objeto de críticas a lo largo de los años. Algunos de los principales desafíos a la teoría de Darwin incluyen:

-Problema del origen de la vida: La teoría de Darwin se centra en la evolución de las especies después del origen de la vida, pero no explica cómo surgió la vida en la Tierra. Esto es un problema para algunos críticos, que argumentan que la evolución no puede ser comprendida sin entender el origen de la vida.

-Problema de la evolución gradual: La teoría de Darwin sugiere que la evolución ocurre de manera gradual, a través de pequeños cambios acumulativos en los genes. Sin embargo, algunos científicos argumentan que la evolución puede ocurrir de manera saltatoria, mediante grandes cambios de una vez.

-Problema de la complejidad de los organismos: Algunos críticos argumentan que algunas características de los organismos son demasiado complejas y sofisticadas para haber evolucionado gradualmente por medio de la selección natural. Ellos sostienen que algunas características deben haber surgido de una vez, es decir, por intervención divina.

-Problema de la falta de evidencia: Algunos críticos argumentan que la falta de evidencia fósil para las transiciones evolutivas sugiere que la teoría de Darwin es incorrecta. Sin embargo, la mayoría de los científicos argumentan que la falta de evidencia fósil se debe a las limitaciones en la capacidad de preservar fósiles y no es un argumento en contra de la teoría de la evolución.

A pesar de estos desafíos, la teoría de la evolución por selección natural de Darwin sigue siendo la base para la comprensión de la evolución biológica y es ampliamente aceptada por la comunidad científica. Nuevos avances y descubrimientos científicos siempre se están incorporando en la teoría evolutiva, ayudando a aclarar algunas de las preguntas pendientes.

¿Estamos solos en el universo?

Mis queridos lectores, hay una pregunta que ha sido debatida durante mucho tiempo en la comunidad científica, una pregunta que ha capturado la imaginación de la humanidad durante siglos: ¿Estamos solos en el universo?

La búsqueda de respuestas a esta pregunta ha sido un gran objetivo de la ciencia moderna y los avances tecnológicos recientes han permitido a los científicos investigar más profundamente el universo en busca de evidencias de vida extraterrestre. La ciencia ha hecho progresos significativos en la detección de planetas fuera de nuestro Sistema Solar, en la búsqueda de evidencias de agua y de condiciones favorables para la vida en otros planetas.

Los científicos también están utilizando herramientas avanzadas para analizar la luz que proviene de otras estrellas, buscando señales de compuestos químicos que puedan ser indicativos de vida. Además, estamos enviando sondas y naves espaciales para explorar nuestros vecinos del Sistema Solar, como Marte, y estamos enviando sondas a las regiones más distantes del universo para aprender más sobre su historia y su evolución.

Los científicos que están en la vanguardia para responder a una de las preguntas más importantes de la historia, están trabajando arduamente buscando evidencias de agua líquida y otros recursos esenciales para la vida, como oxígeno y metano. Están llevando a cabo un minucioso examen en cada rincón del universo, buscando firmas biológicas, como la presencia de gases producidos por la actividad biológica en las atmósferas de otros planetas y satélites naturales, o evidencias de microorganismos u otras formas de vida simples, como algas, en muestras de rocas o polvo recolectadas de otros planetas o cuerpos celestes.

Pero no es solo eso, los científicos están escudriñando los cielos en busca de evidencias de civilizaciones avanzadas, como la emisión de señales de radio. Estas señales pueden viajar largas distancias a través del espacio, permitiendo que sean detectadas por otras civilizaciones. Además, las frecuencias de radio son ampliamente utilizadas en la comunicación y tecnología aquí en la Tierra, lo que las convierte en una opción apropiada para la comunicación interplanetaria. Sin embargo, es importante recordar que la comunicación con una civilización alienígena es incierta y puede ser muy diferente de lo que conocemos. Por lo tanto, los científicos están estudiando una amplia gama de señales y posibilidades, incluidas las señales gravitacionales, luz visible y señales químicas.

A pesar de todos estos esfuerzos, hasta ahora, la única evidencia de vida encontrada es en la Tierra, pero la búsqueda continúa. La NASA y otras agencias espaciales han enviado sondas a Marte y a otros planetas y satélites del Sistema Solar para buscar evidencias de vida pasada o presente. Además, los telescopios están siendo utilizados para buscar planetas similares a la Tierra en sistemas estelares cercanos.

La posibilidad de vida fuera de la Tierra sigue siendo incierta, pero el descubrimiento de vida en otro lugar del universo podría tener implicaciones significativas para la comprensión de la vida y del universo en su conjunto. Muchos científicos están trabajando en este momento en la vanguardia para responder a esta pregunta tan importante, y aunque aún no tenemos una respuesta definitiva, el viaje es tan emocionante como el descubrimiento final.

Comunicación interplanetaria

La radioastronomía es un área de estudio importante en la búsqueda de vida extraterrestre, como se mencionó anteriormente, permite a los científicos buscar señales de vida en otros planetas o satélites. Esto se hace mediante la búsqueda de señales de radio, que son ondas electromagnéticas de baja frecuencia, que podrían ser emitidas por civilizaciones avanzadas, si existen.

Existen varios programas de búsqueda de señales de radio, como el SETI (*Search for Extraterrestrial Intelligence*), que utiliza radiotelescopios para buscar señales de radio emitidas por civilizaciones extraterrestres. Los científicos usan algoritmos para analizar los datos recolectados por los radiotelescopios buscando señales que puedan ser producidas por tecnología avanzada, como señales de radio moduladas.

Además, la radioastronomía también se utiliza para estudiar las características de otros planetas y satélites, incluida la búsqueda de evidencia de agua líquida y otros recursos esenciales para la vida. La radioastronomía es una herramienta valiosa para la búsqueda de vida extraterrestre, ya que permite a los científicos buscar señales de vida en otros planetas o satélites de manera. Además, la radioastronomía también se utiliza para estudiar las características de otros planetas y satélites, incluida la búsqueda de evidencia de agua líquida y otros recursos esenciales para la vida. La radioastronomía es una herramienta valiosa para la búsqueda de vida extraterrestre, ya que permite a los científicos buscar señales de vida en otros planetas o satélites de manera no invasiva.

La radioastronomía también se utiliza para estudiar la estructura y evolución de las galaxias, incluida la distribución de gas y polvo interestelar y para investigar las fuentes de radiación de ondas largas y de radio. Esta información nos permite comprender la naturaleza del universo a escala cosmológica, así como su evolución a lo largo del tiempo. En resumen, la radioastronomía es una herramienta valiosa para la ciencia y sus contribuciones para la comprensión de la naturaleza del universo son invaluables.

Vida inteligente en el universo

¿Cómo podemos definir qué es una civilización extraterrestre inteligente? Bueno, hay algunas características que se consideran como señales de inteligencia. Primero, deben ser capaces de producir tecnologías avanzadas, como máquinas y vehículos para volar por el espacio. Además, necesitan ser capaces de comunicarse con otras civilizaciones, mediante señales electromagnéticas u otros medios. Y, por supuesto, deben tener la inteligencia para resolver problemas complejos y desarrollar tecnologías avanzadas.

En la Tierra, hay un esfuerzo gigantesco por parte de un grupo de científicos para detectar este tipo de civilización en el universo. Esta iniciativa se denomina "SETI", que es el acrónimo de *Search for Extraterrestrial Intelligence* (Búsqueda de Inteligencia Extraterrestre). El SETI es un proyecto científico ambicioso y vital para nuestra comprensión del universo. Es una búsqueda de la respuesta a la pregunta más antigua y fundamental que hemos planteado como seres humanos: ¿Estamos solos en el universo? El objetivo de SETI es encontrar evidencias de inteligencia extraterrestre a través de la búsqueda de señales de radio u otras formas de comunicación.

Es un viaje para descubrir si existen otros seres inteligentes en el universo y, si los hay, comprender la naturaleza de su civilización y su tecnología. La importancia de la búsqueda del SETI es inconmensurable para la ciencia y la humanidad en su conjunto. Amplía nuestros horizontes, cuestiona nuestra comprensión del universo y nos desafía a pensar en nuestra propia existencia. El descubrimiento de inteligencia extraterrestre tendría implicaciones profundas y revolucionarias para la ciencia, la filosofía y la cultura, y sería uno de los eventos más importantes en la historia de la humanidad.

Los programas SETI son llevados a cabo por varias instituciones científicas y universidades, como el SETI Institute y la SETI League, y utilizan radiotelescopios para escuchar las ondas de radio emitidas por el universo en busca de señales que puedan ser producidas por tecnología avanzada.

Otra técnica utilizada en el SETI es el uso de telescopios para buscar señales ópticas, como láseres, emitidas por civilizaciones extraterrestres. Además, el uso de telescopios para buscar exoplanetas similares a la Tierra y evaluar su habitabilidad es una forma de encontrar indicios de vida. Aunque la búsqueda del SETI aún no ha encontrado evidencia concluyente de vida extraterrestre, muchos científicos creen que es cuestión de tiempo hasta que se encuentre alguna señal.

Cuántas civilizaciones existen en el universo

El astrobiólogo Frank Drake en 1961 desarrolló una ecuación que puede ser utilizada para estimar el número de civilizaciones avanzadas con las que podríamos entrar en contacto en el universo. Esta ecuación se basa en una serie de variables, incluyendo la tasa de formación de estrellas, la probabilidad de que una estrella tenga planetas habitables, la probabilidad de que una forma de vida surja en un planeta habitable y la probabilidad de que una forma de vida evolucione hacia una civilización tecnológicamente avanzada.

La ecuación de Drake es un intento de responder a la pregunta: "¿Estamos solos en el universo?" y es una de las principales fuentes de inspiración para la búsqueda de vida extraterrestre. El objetivo de la ecuación es proporcionar una base cuantitativa para las discusi-

Figura VI.1: Conjunto de antenas del radiotelescopio Allen, utilizado por el SETI. Créditos: Seth Shostak/SETI Institute

ones sobre la probabilidad de que exista vida más allá de la Tierra, ayudando a estimar la cantidad de civilizaciones extraterrestres que pueden existir y dónde podemos buscarlas.

La ecuación de Drake es una forma de estimación, no una predicción exacta, se basa en suposiciones e hipótesis sobre la naturaleza de la vida y la formación de sistemas planetarios. Sin embargo, incluso con sus limitaciones, la ecuación de Drake es una herramienta valiosa para la comunidad científica y para aquellos interesados en la búsqueda de vida extraterrestre. Inspira la continuación de la búsqueda de vida fuera de la Tierra y nos recuerda la importancia de seguir explorando el universo. La ecuación es dada por:

$$N = R^* \times f_p \times n_e \times f_l \times f_i \times f_c \qquad (\text{VI.1})$$

Donde **N** es el número de civilizaciones extraterrestres inteligentes en la Vía Láctea que pueden ser detectadas, **R*** es la tasa de formación de estrellas en la Vía Láctea, **fp** es la fracción de estrellas que poseen planetas, **ne** es el número promedio de planetas habitables por estrellas, **fl** es la fracción de planetas habitables que desarrollan vida, **fi** es la fracción de planetas con vida que desarrollan inteligencia, **fc** es la fracción de civilizaciones inteligentes que desarrollan medios de comunicación electromagnéticos detectables.

La ecuación es intencionalmente vaga e incluye muchos parámetros desconocidos, pero sirve como una herramienta para estimar el número de civilizaciones extraterrestres inteligentes que pueden ser encontradas. Además, la ecuación de Drake es una forma de organizar las incertidumbres y limitaciones de nuestro conocimiento sobre la existencia de vida extraterrestre y estimar la probabilidad de existencia de civilizaciones avanzadas. Aunque la ecuación ha sido criticada por algunos científicos por su vaguedad e incertidumbres, sigue siendo utilizada como una herramienta útil para guiar la búsqueda de vida extraterrestre.

Intentos de contacto

Como se expone a lo largo de este libro, desde siempre el ser humano se ha preguntado si estamos solos en el universo. Y, a lo largo de los años, esa pregunta ha sido parcialmente respondida a través de la ciencia. Actualmente, sabemos que hay miles de millones de planetas en nuestra galaxia, algunos de los cuales pueden ser habitables y potencialmente albergar formas de vida.

Ante esta posibilidad, los científicos se han esforzado por enviar mensajes al espacio con la esperanza de encontrar vida extraterrestre. Utilizando radiotelescopios, hemos enviado señales a diferentes partes del universo, incluyendo información sobre nuestra biología, tecnología y cultura. Este es un esfuerzo colaborativo de científicos de todo el mundo, que creen que el descubrimiento de vida extraterrestre puede cambiar para siempre la forma en que vemos el universo y a nosotros mismos. Aunque aún no hemos recibido una respuesta, los científicos deben seguir enviando mensajes esperando que, algún día, sean recibidos.

Esta es una jornada incansable y llena de incertidumbres, pero es una jornada que vale la pena hacer. Después de todo, quién sabe lo que podemos descubrir sobre nosotros mismos y el universo a lo largo del camino.

La búsqueda de vida extraterrestre es una de las cuestiones más fascinantes y desafiantes de la ciencia y es una jornada que debe continuar. Nosotros, como seres humanos, necesitamos responder a las grandes preguntas de la existencia y la búsqueda de vida extraterrestre es una de esas preguntas.

Creo que el descubrimiento de vida extraterrestre cambiaría para siempre la forma en que vemos el universo y a nosotros mismos. Puede ayudarnos a entender nuestro origen y nuestro lugar en el universo. Además, puede inspirarnos a buscar formas de preservar la vida y proteger nuestro planeta. A través de la tecnología avanzada de los radiotelescopios, estamos enviando mensajes al espacio, intentando establecer comunicación con otras civilizaciones. Es una jornada incansable que, como científicos y como seres humanos, debemos seguir persiguiendo.

En los intentos de comunicación con otras civilizaciones, destaco el "Mensaje de Arecibo"que fue transmitido en 1974 hacia la estrella más cercana, Alfa Centauri, utilizando el Radiotelescopio de Arecibo, ubicado en Puerto Rico. El mensaje incluía información sobre la humanidad y nuestro Sistema Solar. Este mensaje se ilustra en la figura VI.2 de este libro y contiene la siguiente información, de derecha a izquierda:

(1) La secuencia de puntos blancos son números del 1 al 10, en código binario. (2) Justo debajo, en color rosa, están los elementos químicos que componen la molécula de ADN. En realidad, son los números atómicos del hidrógeno (1), carbono (6), nitrógeno (7), oxígeno (8) y fósforo (15), también en código binario. (3) Justo debajo, en verde, están representados los nucleótidos, las moléculas básicas que forman la estructura mayor de la molécula de ADN. Están representados la desoxirribosa, la adenina, la timina, la citosina, la guanina y el fosfato. (4) Justo debajo, tenemos dos líneas azules retorcidas

Figura VI.2: A la izquierda, el mensaje de Arecibo, una señal de radio enviada al espacio con el objetivo de transmitir a una posible civilización extraterrestre información sobre el planeta Tierra y la civilización humana. A la derecha, el Observatorio de Arecibo, lugar desde donde se envió el mensaje. Créditos: National Astronomy and Ionosphere Center (NAIC)

alrededor de una varilla blanca vertical. Las líneas representan la famosa doble hélice de la estructura de la molécula de ADN y la varilla, el número de nucleótidos "usados" para formarla. En el mensaje de 1974 se codificó el número 4,3 mil millones, que era la cantidad estimada de nucleótidos en ese momento. Hoy sabemos que ese número es de 3,2 mil millones. (5) Las hélices del ADN apuntan a la cabeza de una silueta humana y a la izquierda está el valor de la altura promedio de un hombre adulto (1,764 metros en valores de la época). A la derecha está el valor de la población mundial en 1974: 4,3 mil millones de personas. (6) Justo debajo, en amarillo, está representado nuestro Sistema Solar, con el tercer planeta, la Tierra, destacado. En esa época, Plutón aún era considerado un planeta.

(7) Finalmente, la última parte de la imagen muestra el radiotelescopio de Arecibo, que transmitió el mensaje. Está apuntado hacia abajo y la letra "M" en realidad muestra el camino de la radiación que llega paralela del espacio, se refleja en la curvatura del plato del telescopio y converge en el punto focal.

Estos mensajes, como el enviado desde el radiotelescopio de Arecibo, son verdaderas cartas de amor y saludo enviadas por una raza curiosa y llena de esperanza. En ellos, compartimos nuestra historia, nuestra cultura, nuestros valores y nuestra visión del universo. También son una invitación a conocer la Tierra y nuestra especie, y esperamos que, algún día, gracias al brillante trabajo de generaciones de científicos en la Tierra, podamos encontrar y establecer comunicación con otras civilizaciones e intercambiar conocimiento y amistad.

Aunque somos una raza joven en el gran espectro de la existencia, creemos firmemente que la curiosidad y la búsqueda del conocimiento son fuerzas universales que unen a todas las formas de vida. A través de estos mensajes, queremos transmitir nuestro mensaje de paz y respeto por los seres y la naturaleza de todas partes del universo.

Habitabilidad en el sistema solar

El estudio de la habitabilidad se facilita por los avances en las ciencias planetarias y por los resultados de muchas misiones espaciales, principalmente aquellas en Marte.

La habitabilidad es la capacidad de un planeta o satélite para albergar vida tal como la conocemos. En el Sistema Solar, la Tierra es considerada el único planeta con evidencias concluyentes de vida actual. Sin embargo, algunos otros cuerpos celestes en el Sistema Solar también son considerados potencialmente habitables debido a las condiciones favorables para la vida, como la existencia de agua líquida.

Marte: se considera uno de los mejores candidatos para la búsqueda de vida extraterrestre en el sistema solar, debido a la evidencia de agua líquida en el pasado y a la presencia de ríos, lagos y océanos antiguos. También existen evidencias de actividad volcánica antigua y de condiciones climáticas similares a las de la Tierra en el pasado.

Europa, satélite de Júpiter: se considera uno de los mejores candidatos para la búsqueda de vida en el sistema solar, debido a la evidencia de un océano subglacial debajo de su corteza de hielo. Existe evidencia de géiseres en el polo sur de Europa que pueden indicar la existencia de agua líquida y la posibilidad de vida.

Encélado, satélite de Saturno: tiene evidencia de géiseres en el polo sur que expulsan agua y vapor al espacio, lo que sugiere la existencia de un océano subglacial debajo de su corteza de hielo.

Titán, satélite de Saturno: tiene evidencia de ríos y lagos de metano y etano en la superficie, además de una atmósfera densa y compleja. La existencia de metano y etano líquidos en la superficie sugiere que hay procesos químicos complejos ocurriendo en la atmósfera y en el subsuelo de Titán, y algunos científicos creen que estos procesos pueden ser similares a los que ocurrieron en la Tierra antes del origen de la vida. Sin embargo, la temperatura extremadamente baja y la falta de agua líquida son desafíos para la vida tal como la conocemos.

Sistemas planetarios habitables en el universo

Un planeta o satélite habitable es un ambiente que posee condiciones favorables para sostener la vida, ya sea a través de su origen local o mediante el transporte de vida desde otro lugar. El objetivo de los científicos es entender las condiciones mínimas para que un ambiente sea habitable.

Los sistemas planetarios habitables son aquellos que tienen planetas con condiciones adecuadas para la existencia de agua líquida en la superficie y potencialmente soportar vida. Estos sistemas pueden incluir planetas en la zona habitable de su estrella, donde la temperatura es adecuada para la existencia de agua líquida.

Los científicos buscan sistemas planetarios habitables utilizando telescopios para encontrar y caracterizar exoplanetas potencialmente habitables. Algunos de los principales indicadores incluyen:

-Masa: los planetas con masas similares a la Tierra se consideran los mejores candidatos para la búsqueda de vida, ya que tienen más probabilidades de tener una estructura interna similar y pueden soportar el mismo tipo de atmósfera.

-Distancia de la estrella: los planetas que están en la zona habitable de su estrella, donde la temperatura es adecuada para la existencia de agua líquida, se consideran los mejores candidatos para la búsqueda de vida.

-Composición atmosférica: la detección de gases como metano, oxígeno y vapor de agua en la atmósfera de un exoplaneta puede ser un indicador de actividad biológica.

Además, la existencia de satélites como la Luna, con evidencia de agua líquida, también se considera un indicador de habitabilidad. El descubrimiento de sistemas planetarios habitables es un paso importante en la búsqueda de vida extraterrestre, ya que estos planetas se consideran los mejores candidatos para buscar vida fuera del Sistema Solar.

Extremófilos

Científicos trabajando en la vanguardia para entender la vida dentro y fuera de la Tierra, han descubierto una clase de seres muy peculiares, a los que denominaron Extremófilos, los cuales son organismos que logran sobrevivir y reproducirse en condiciones ambientales extremas, como altas o bajas temperaturas, presiones extremas, falta de agua, radiación, altas concentraciones de sal, entre otros. Estos organismos son capaces de adaptarse a estas condiciones adversas y utilizan mecanismos especiales para soportar estos ambientes. Existen varios tipos de extremófilos, incluyendo:

-Termófilos: que sobreviven en altas temperaturas, como en fuentes termales.

-Psicrotolerantes: que sobreviven en bajas temperaturas, como en la Antártida.

-Halófilos: que sobreviven en altas concentraciones de sal, como en lagos salados.

-Radiófilos: que sobreviven a altas dosis de radiación, como en áreas cercanas a fuentes naturales de radiación.

-Metanófilos: que sobreviven en ambientes ricos en metano.

Los extremófilos son importantes para la investigación científica, ya que nos ayudan a entender cómo la vida puede adaptarse y sobrevivir en condiciones ambientales adversas. Además, estos organismos pueden desempeñar un papel importante en la búsqueda de vida en otros planetas o lunas, ya que podrían ser capaces de sobrevivir en ambientes similares a los encontrados en otros cuerpos celestes.

Figura VI.3: Los tardígrados, popularmente conocidos como osos de agua, son animales microscópicos que se adaptan a prácticamente cualquier ambiente. Créditos:*National Geographic*

Capítulo VII

En primera línea en tiempos difíciles

Es mejor encender una vela que maldecir la oscuridad.

Carl Sagan

*L*os científicos desempeñan un papel importante en la sociedad, especialmente durante tiempos difíciles. Utilizan su habilidad para recolectar y analizar datos para ayudar a entender y enfrentar desafíos como enfermedades, cambio climático y desastres naturales. Además, trabajan para desarrollar tecnologías y tratamientos que pueden mejorar la vida de las personas. Durante la pandemia de COVID-19, los científicos fueron fundamentales para entender la enfermedad y desarrollar vacunas eficaces.

Los científicos son fundamentales en la lucha contra las enfermedades. Realizan investigaciones para entender cómo funcionan las enfermedades, desarrollar nuevos tratamientos y vacunas, mejorar las técnicas de prevención y diagnóstico. Algunos ejemplos de científicos en primera línea en la lucha contra las enfermedades incluyen epidemiólogos, inmunólogos, virólogos e investigadores de enfermedades infecciosas. Trabajan en conjunto con médicos, enfermeros y otros profesionales de la salud para combatir las enfermedades y salvar vidas.

La ciencia como una luz en la oscuridad

En tiempos oscuros, es fácil sentirse desanimado y perdido. Sin embargo, la ciencia es una luz brillante en la oscuridad, iluminando el camino hacia la comprensión y la verdad. Es una fuente inagotable de conocimiento, que nos permite descubrir los secretos del universo y de nosotros mismos.

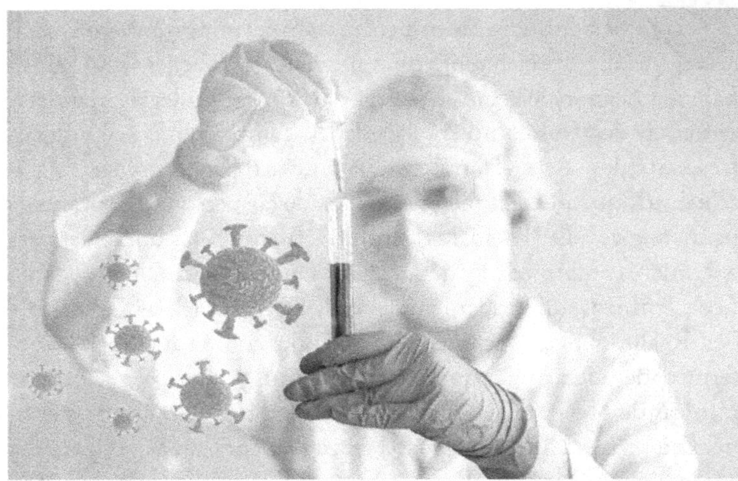

Figura VII.1: Durante el período más crítico de la pandemia de Covid-19, muchos científicos alrededor del mundo trabajaron 24 horas al día para realizar la caracterización del virus *SARS- CoV-2* y, posteriormente, desarrollar en tiempo récord vacunas eficientes para combatir el Coronavirus. Fuente de la imagen: *European Pharmaceutical Review*.

La ciencia es más que solo una colección de hechos y teorías. Es una forma de ver el mundo, una manera de buscar respuestas y resolver problemas. Es un viaje en busca de la verdad, siempre en constante evolución y siempre abierta a nuevos descubrimientos. No hay duda de que la ciencia puede ser aterradora y desafiante, pero es precisamente eso lo que la hace tan fascinante. Cuando enfrentamos la incertidumbre y la complejidad, tenemos la oportunidad de aprender y crecer, expandiendo nuestra comprensión y nuestra capacidad para transformar el mundo.

La ciencia también es una fuerza poderosa para el bien. A través de sus descubrimientos, podemos curar enfermedades, proteger el medio ambiente y ayudar a las personas a llevar vidas más plenas y significativas. Es una luz que brilla en la oscuridad, llevándonos a un futuro más brillante. En tiempos difíciles, es fácil perder la fe en la humanidad y en nuestra capacidad para cambiar el mundo. Sin embargo, la ciencia nos recuerda que, juntos, podemos enfrentar y superar cualquier desafío. Es una luz en la oscuridad, guiándonos hacia un futuro más brillante y lleno de esperanza.

Carl Sagan defendió más que nadie a lo largo de su vida el uso de la ciencia y esto quedó muy explícito en su libro "El mundo y sus demonios", en el cual mostró la importancia de la ciencia como herramienta para comprender y explicar el mundo natural. Argumenta que a lo largo de la historia, las personas han sido atormentadas por demonios imaginarios y fenómenos naturales que no entendían, pero que la ciencia ofrece una luz en la oscuridad que ayuda a disipar esos miedos.

Sagan también quiere transmitir el mensaje de que la ciencia es un enfoque más eficaz y confiable para explicar el mundo que las creencias y las supersticiones. Defiende la importancia de basar nuestras opiniones y decisiones en evidencias sólidas y argumentos lógicos, en lugar de creer en mitos y leyendas.

Además, el libro también habla sobre el peligro de la pseudociencia y del pensamiento mágico y cómo pueden dañar a la sociedad si se aceptan como verdaderos.

En primera línea en la lucha contra las enfermedades

La ciencia es fundamental en la lucha contra las enfermedades, ya que permite entender cómo funcionan, desarrollar tratamientos eficaces y encontrar formas de prevenir su propagación. La investigación científica es responsable de avances significativos en la medicina, como el descubrimiento de antibióticos y vacunas, además de haber posibilitado el desarrollo de terapias más precisas y personalizadas.

La ciencia es crucial para el control y la prevención de epidemias y pandemias, como podemos ver en la vigilancia epidemiológica, análisis de datos y en la modelación matemática, utilizadas para combatir enfermedades. La falta de recursos y de conocimiento científico fue fatal en epidemias como la Peste Negra y la Gripe Española, que acabaron con la vida de millones de personas, incapaces de enfrentar las enfermedades debido a la falta de desarrollo científico y tecnológico adecuado en esa época.

Durante la Peste Negra, la ciencia aún no tenía la capacidad de comprender la naturaleza de la enfermedad y no había tratamientos disponibles. Muchas de las respuestas a la Peste Negra se basaron en supersticiones y creencias erróneas y no fueron eficaces en la prevención o en el control de la propagación de la enfermedad.

De manera similar, en la época de la Gripe Española, la ciencia de la época no tenía la capacidad de comprender la naturaleza de la enfermedad y no había una cura disponible. La falta de comprensión de la ciencia sobre la naturaleza de estas enfermedades fue la principal razón para el alto número de muertes.

Este es un triste recordatorio de la importancia de la ciencia y la investigación para comprender y controlar las enfermedades. La ciencia es nuestra arma más poderosa en la lucha contra las pandemias, y es fundamental que sigamos invirtiendo en investigación y desarrollo para asegurar que estemos preparados para enfrentar futuras amenazas a la salud global.

Recuerda: la ciencia es la clave para una vida saludable y segura para todos. Sigamos apoyando e invirtiendo en la ciencia para que nunca más tengamos que enfrentar pandemias tan mortales como la Peste Negra y la Gripe Española.

Luchando contra epidemias y pandemias

Hace algunas décadas, surgió una enfermedad que causó la muerte de miles de personas alrededor del mundo. Esta enfermedad era el VIH/SIDA, una epidemia global que ha afectado la vida de millones de personas en todo el mundo. Desde el inicio de la epidemia, la ciencia ha sido una de nuestras mayores aliadas en la lucha contra la enfermedad.

Los científicos trabajaron arduamente para comprender la naturaleza del virus y para desarrollar tratamientos eficaces para controlar la enfermedad. Gracias a sus esfuerzos, hoy tenemos tratamientos que pueden prolongar significativamente la vida de las personas infectadas con el VIH y reducir significativamente el riesgo de transmisión.

Pero la lucha contra el VIH/SIDA no termina aquí. La ciencia todavía tiene mucho trabajo por hacer, incluyendo el descubrimiento de una cura definitiva y el desarrollo de medidas de prevención más eficaces. La ciencia es la clave para el progreso y para la solución de problemas complejos y es fundamental que sigamos apoyando e invirtiendo en investigación y desarrollo para garantizar un futuro más saludable y seguro para todos.

Más recientemente, miles de científicos han desempeñado un papel vital en la lucha contra la COVID-19, la pandemia de coronavirus que comenzó en 2019. Los científicos trabajaron las 24 horas del día para hacer frente a esta pandemia y así fueron responsables de identificar y caracterizar el virus en tiempo récord, desarrollar pruebas para detectarlo y estudiar su transmisión y patogénesis. Los científicos también han sido cruciales en la búsqueda de tratamientos eficaces y vacunas para prevenir la infección, estos esfuerzos se han realizado en todo el mundo, con científicos de diferentes disciplinas trabajando juntos para comprender y combatir el virus.

La ciencia ha proporcionado información valiosa para las autoridades de salud pública, ayudando a guiar las decisiones sobre cómo controlar la pandemia y cómo proteger la salud de la población. La modelización matemática y el análisis de datos han sido utilizados para entender la dinámica de la transmisión del virus y evaluar la eficacia de las medidas de control. La ciencia también ha sido crucial para el desarrollo y distribución de vacunas, permitiendo que las personas sean vacunadas masivamente e impidiendo la propagación del virus.

En este mismo sentido, la Física también ha desempeñado un papel importante en la lucha contra la COVID-19. Algunos ejemplos de cómo la Física ha sido aplicada en la lucha contra la pandemia incluyen:

-Tecnologías de diagnóstico: La Física ha sido utilizada para desarrollar pruebas rápidas y precisas para detectar la COVID-19. Por ejemplo, las pruebas de PCR (reacción en cadena de la polimerasa) usan principios de física química para detectar la presencia del virus en el material genético.

-Tecnologías de tratamiento: La Física ha sido utilizada para desarrollar terapias de ozono, que usan principios de física química para matar el virus. Además, la Física también ha sido utilizada para desarrollar ventiladores mecánicos, que ayudan a mantener a los pacientes respirando.

-Tecnologías de prevención: La Física ha sido utilizada para desarrollar tecnologías que ayudan a prevenir la transmisión del virus. Por ejemplo, los filtros de aire HEPA (filtros de alta eficiencia) utilizan principios de física para eliminar partículas microscópicas del aire, incluyendo el virus de la COVID-19.

-Tecnologías de monitoreo: La Física ha sido utilizada para desarrollar tecnologías de monitoreo que ayudan a rastrear la propagación del virus. Por ejemplo, la tecnología de localización de radiofrecuencia (RFID) utiliza principios de física para rastrear la ubicación de personas y objetos en tiempo real.

-Modelización matemática: La Física también ha sido utilizada para desarrollar modelos matemáticos que ayudan a predecir y entender la propagación de la pandemia, estos modelos utilizan principios de física para simular la dinámica de la propagación del virus y evaluar la eficacia de las medidas de control.

Vacunas

Las vacunas son una de las formas más eficaces de prevenir enfermedades y salvar vidas. La historia de las vacunas se remonta al siglo XVIII, cuando el médico inglés Edward Jenner desarrolló la primera vacuna contra la viruela. Observó que las personas que tenían contacto con la vacunación contra una enfermedad similar, la viruela bovina, eran menos propensas a contraer la viruela humana. A partir de este trabajo inicial, otros científicos comenzaron a desarrollar vacunas contra otras enfermedades. En el siglo XIX, se desarrollaron vacunas contra el cólera, el tifus y la fiebre amarilla.

En el siglo XX, las vacunas se volvieron aún más eficaces con el desarrollo de nuevas técnicas, como la producción de vacunas inactivadas y vacunas vivas atenuadas. La vacunación masiva se volvió común y contribuyó a la eliminación de enfermedades como la viruela y el sarampión en muchos países. Hoy en día, las vacunas se desarrollan contra una amplia variedad de enfermedades y se consideran una de las principales estrategias de salud pública.

Las vacunas contra la COVID-19 son una de las principales estrategias para combatir la pandemia. Funcionan estimulando el sistema inmunológico a producir anticuerpos contra el virus SARS-CoV-2, que causa la COVID-19. Esto ayuda a proteger a las personas contra la infección o a reducir la gravedad de los síntomas si se infectan.

Existen varias vacunas COVID-19 disponibles en el mundo, las vacunas son desarrolladas por diferentes empresas e instituciones y utilizan diferentes tecnologías, pero tienen en común el hecho de estimular la producción de anticuerpos. Las vacunas más utilizadas en el mundo son: Pfizer-BioNTech, Moderna, AstraZeneca, Janssen (Johnson & Johnson), Sinovac, Sinopharm, Bharat Biotech, Sputnik V y CanSino Biologics.

Estas vacunas fueron desarrolladas y probadas en un corto período de tiempo gracias al gran esfuerzo global de investigación y desarrollo, y muchas de ellas ya han sido aprobadas para uso de emergencia o uso autorizado por agencias reguladoras en varios países. Las vacunas son seguras y eficaces, y la vacunación masiva se considera la principal estrategia para poner fin a la pandemia.

La lección que debemos aprender

Todos estos acontecimientos recientes son una lección sobre la importancia de la ciencia en la lucha contra las enfermedades. La rapidez con la que los científicos respondieron al desafío de la COVID-19, desarrollando tratamientos, vacunas y medidas de prevención, fue crucial para controlar la propagación de la enfermedad y evitar aún más muertes.

Pero este es solo un ejemplo del poder de la ciencia en acción. La ciencia ha sido una aliada vital en la lucha contra las enfermedades durante siglos. Desafortunadamente, a menudo la ciencia está subfinanciada y subestimada. Es hora de cambiar eso. Debemos invertir en investigación y desarrollo y proporcionar a los científicos los recursos que necesitan para continuar haciendo avances cruciales en la lucha contra las enfermedades.

La ciencia es la clave para el progreso y la solución de problemas complejos, y es fundamental que sigamos apoyando e invirtiendo en investigación básica y desarrollo tecnológico para garantizar un futuro más saludable y seguro para todos. Vamos juntos a apoyar la ciencia y a los científicos que trabajan incansablemente para controlar las enfermedades y garantizar un futuro mejor para todos.

Capítulo VIII

En la primera línea en la construcción del futuro de la humanidad

La ciencia ofrece la clave para un futuro mejor, pero depende de nosotros decidir si usaremos esa clave para abrir la puerta o cerrarla con llave.

Carl Sagan

*L*os científicos desempeñan un papel crucial en el desarrollo de tecnologías y descubrimientos que benefician a la humanidad de diversas maneras. A través de la investigación en ciencia básica y aplicada, los científicos han contribuido a mejorar la calidad de vida de las personas y a resolver problemas globales. En cuanto al futuro, se espera que los científicos sigan trabajando en áreas como la inteligencia artificial, la biotecnología, la energía renovable, la medicina personalizada, la exploración espacial, entre otras. Estas investigaciones pueden tener un gran impacto en la humanidad, ya sea mejorando la salud, aumentando la eficiencia energética, resolviendo problemas ambientales y ayudando a las personas a vivir más tiempo. Sin embargo, también es importante considerar los desafíos éticos y sociales que surgen con el avance de la tecnología. Los científicos deben trabajar con responsabilidad para garantizar que las tecnologías desarrolladas como subproducto de la ciencia se utilicen de manera responsable y beneficiosa para la humanidad. Los científicos serán cruciales para el avance de la humanidad, pero también es importante considerar los desafíos éticos y sociales que surgen con el avance de la tecnología. Asegurar la financiación de los investigadores y la colaboración interdisciplinaria es necesario para garantizar que las tecnologías desarrolladas sean beneficiosas para la humanidad.

Sueños de un futuro mejor

Es difícil predecir con precisión cuáles serán los mayores logros de la ciencia en el futuro, ya que depende de muchos factores y el avance de la ciencia es impredecible. Sin embargo, hay algunas áreas en las que se espera un progreso significativo en el futuro:

-Inteligencia artificial: se espera que la inteligencia artificial continúe mejorando en términos de aprendizaje automático y capacidades de procesamiento de lenguaje natural, lo que puede tener un impacto significativo en la automatización de tareas, mejorando la eficiencia en la industria y la salud.

-Biotecnología: Se espera que la biotecnología siga avanzando en áreas como ingeniería genética, terapia génica y medicina regenerativa, lo que puede llevar a la cura de enfermedades genéticas, una mejor comprensión de los mecanismos biológicos y una mejor calidad de vida.

-Energía renovable: Con el creciente interés en reducir la dependencia de los combustibles fósiles y mitigar el cambio climático, se espera que la ciencia de la energía renovable siga avanzando, lo que podría llevar a una mayor eficiencia en la producción de energía y una mayor adopción de fuentes de energía limpias.

Exploración espacial: Con el aumento de la cooperación internacional y el desarrollo de nuevas tecnologías, se espera que la exploración espacial siga avanzando, lo que podría llevar a nuevos descubrimientos científicos y una mayor comprensión del universo.

-Medicina personalizada: Con el avance de la genética y la tecnología, se espera que la medicina personalizada siga avanzando, lo que podría llevar a tratamientos más eficaces y personalizados para enfermedades crónicas y cánceres.

Es importante destacar que estos son solo algunos ejemplos y que la ciencia está en constante evolución. Es probable que surjan nuevas áreas de investigación y descubrimientos en el futuro.

Terapias personalizadas

Existe un área de la ciencia en crecimiento exponencial llamada nanotecnología, que se refiere al estudio y manipulación de materiales a nivel molecular y nanométrico. Varios científicos están investigando cómo utilizar la nanotecnología para desarrollar terapias personalizadas, es decir, tratamientos diseñados específicamente para cada paciente.

Esto se logra mediante la fabricación de nanopartículas con características específicas para cada caso, como la capacidad de dirigirse a ciertas células del cuerpo o la liberación controlada de medicamentos. Aunque todavía en etapas iniciales de desarrollo, la nanotecnología tiene el potencial de revolucionar el campo de la medicina personalizada.

Por ejemplo, el desarrollo de terapias personalizadas para el tratamiento del cáncer es una de las principales aplicaciones de la nanotecnología. En oncología, es el uso de nanopartículas para mejorar la eficacia y reducir los efectos secundarios de la quimioterapia.

Las nanopartículas pueden diseñarse para dirigirse específicamente a las células cancerosas, permitiendo una mayor concentración de medicamentos en el lugar de la enfermedad y una menor exposición al tejido sano. Además, las nanopartículas pueden utilizarse para liberar fármacos de forma controlada, permitiendo que el tiempo de permanencia del medicamento en el organismo se prolongue y se reduzca la dosis necesaria.

Otra aplicación de las nanopartículas es la terapia fotodinámica, en la cual las nanopartículas se utilizan para proporcionar compuestos quimiosensibilizantes a las células cancerígenas. Estos compuestos se activan mediante la luz de una longitud de onda específica, causando la muerte de las células cancerosas.

Aunque todavía en etapas iniciales de desarrollo, la nanotecnología tiene el potencial de mejorar significativamente el tratamiento del cáncer mediante terapias personalizadas. Sin embargo, es importante continuar la investigación para comprender completamente los riesgos y beneficios de esta tecnología antes de su aplicación en humanos.

La administración de medicamentos para el tratamiento del cáncer es un gran desafío debido a la naturaleza heterogénea del tumor y la variabilidad en la respuesta a los tratamientos. La nanotecnología ofrece una variedad de herramientas para mejorar la entrega de medicamentos a las células cancerosas.

Otra estrategia es el uso de nanopartículas como vectores para la terapia génica, que implica la entrega de genes terapéuticos a las células cancerosas para inducir la muerte celular o la inmunidad contra el tumor.

La liberación controlada de medicamentos, utilizando nanopartículas, también es una estrategia prometedora. Este enfoque permite prolongar el tiempo que el medicamento permanece activo en el organismo y reducir la dosis necesaria.

Aunque estas estrategias son prometedoras, es importante continuar la investigación para comprender completamente los riesgos y los beneficios de esta tecnología antes de su aplicación en humanos.

La medicina personalizada es un enfoque de salud que utiliza información genética, molecular y clínica para proporcionar tratamiento y prevención específicos para cada paciente. Se basa en la idea de que cada persona es única y que su tratamiento debe personalizarse de acuerdo con su genética, historial médico y estilo de vida.

La medicina personalizada se divide en dos categorías: medicina predictiva y medicina de precisión. La medicina predictiva busca prevenir enfermedades en personas con alto riesgo genético, mediante la detección temprana y el monitoreo de síntomas. La medicina de precisión busca desarrollar tratamientos específicos para pacientes, basados en su genética, biología molecular e historial médico.

La medicina personalizada se está utilizando cada vez más en el tratamiento del cáncer, en el cual se están desarrollando terapias basadas en hallazgos genéticos específicos del tumor. También se está utilizando en el tratamiento de otras enfermedades genéticas raras, enfermedades cardíacas y enfermedades inflamatorias crónicas.

Sin embargo, aunque la medicina personalizada tiene el potencial de mejorar la atención médica y aumentar la eficacia de los tratamientos, aún se encuentra en una etapa inicial de desarrollo y se necesitan más investigaciones para comprender completamente sus beneficios y riesgos. Además, la medicina personalizada también presenta desafíos éticos, como el acceso desigual a la tecnología y la privacidad de los datos médicos.

Patrullando nuestro cuerpo

Muchos científicos están trabajando actualmente en el desarrollo de nanorobots, que son dispositivos mecánicos o electrónicos de tamaño nanométrico (1 a 100 nanómetros) que pueden programarse para realizar tareas específicas en el cuerpo humano. La idea de utilizar nanorobots en medicina se basa en la capacidad de estos dispositivos para acceder a lugares del cuerpo de difícil acceso para tratamientos tradicionales.

Existen varios tipos de nanorobots en desarrollo, cada uno con un enfoque específico. Los nanorobots basados en proteínas, por ejemplo, pueden diseñarse para dirigirse específicamente a ciertas células del cuerpo y realizar tareas específicas, como reparar tejidos dañados o destruir células cancerosas. Los nanorobots basados en moléculas orgánicas, como liposomas, se utilizan como vectores para la administración de medicamentos a células tumorales. Los nanorobots basados en materiales inorgánicos, como metales o polímeros, pueden utilizarse para realizar tareas más complejas, como detectar tumores o realizar cirugías.

Sin embargo, la tecnología de nanorobots aún se encuentra en eta-

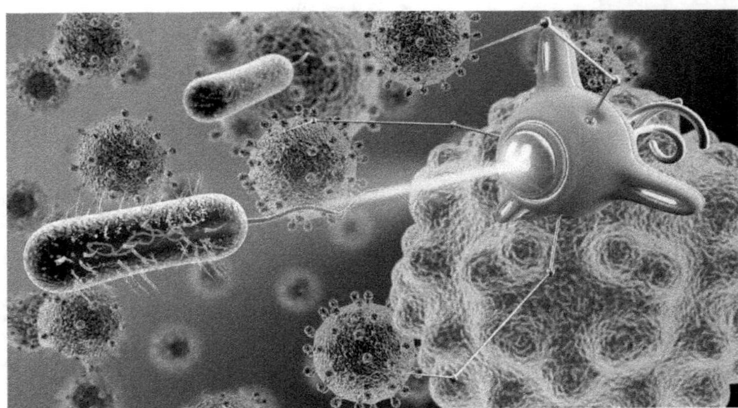

Figura VIII.1: En esta imagen podemos ver un concepto artístico sobre el desarrollo de nanorrobots cuya misión es matar tumores de cáncer. Créditos: *Nature Biotechnology*.

pas iniciales de desarrollo y existe un gran desafío para su diseño y fabricación. Aunque se han logrado algunos avances prometedores en la investigación, se necesitan más estudios para comprender completamente los riesgos y los beneficios de esta tecnología antes de su aplicación en humanos.

Aumentando nuestra inteligencia

Una forma de aumentar nuestra propia inteligencia sería realizando una fusión o al menos trabajando en colaboración permanente con la inteligencia artificial. Cooperación mutua por el resto de la historia, lado a lado, de la mano, como un dúo dinámico e inseparable, inteligencia natural y artificial, juntas en pro de garantizar el siguiente salto evolutivo de nuestra civilización.

La historia de la inteligencia artificial (IA) se remonta a la década de 1950, cuando se desarrollaron los primeros algoritmos y se construyeron los primeros ordenadores. Durante esa década, se llevaron a cabo investigaciones en el campo de la inteligencia artificial y se crearon los primeros programas de investigación en universidades y centros de investigación.

En 1956, se llevó a cabo la primera conferencia internacional sobre IA en el Dartmouth College, en el estado de New Hampshire, Estados Unidos, donde el campo de la inteligencia artificial se estableció como una disciplina independiente. En la década de 1960, se desarrollaron varios sistemas de IA, como el programa de ajedrez llamado "El Ajedrezado"y el sistema de diagnóstico médico llamado "MYCIN".

En la década de 1970, la IA atravesó una serie de dificultades debido a la falta de progreso significativo y la falta de fondos. Sin embargo, en la década de 1980, hubo un renacimiento de la IA debido a las mejoras en la tecnología de procesamiento y al aumento de la capacidad de almacenamiento de datos.

En la década de 1990, la IA comenzó a tener un impacto cada vez mayor en la sociedad, con el surgimiento de sistemas de reconocimiento de voz y de imagen y el uso de algoritmos de aprendizaje automático en aplicaciones como la filtración de spam y la recomendación de productos.

Hoy en día, la inteligencia artificial se ha convertido en una tecnología clave en una amplia variedad de campos, desde la medicina hasta el transporte, y se espera que continúe teniendo un impacto cada vez mayor en la sociedad en el futuro. La inteligencia artificial (IA) tiene hoy en día un gran número de aplicaciones, algunas de las cuales incluyen:

-Procesamiento del lenguaje natural: la IA se utiliza para procesar y comprender el lenguaje humano, permitiendo el desarrollo de chatbots, asistentes virtuales y otros sistemas de comunicación automatizados.

-Visión por computadora: la IA se utiliza para analizar imágenes y videos, posibilitando el desarrollo de sistemas de reconocimiento facial, detección de objetos y seguimiento de personas.

-Aprendizaje automático: la IA se utiliza para analizar grandes cantidades de datos y aprender patrones, permitiendo el desarrollo de sistemas de recomendación, detección de fraudes y análisis predictivos.

-Robótica: la IA se utiliza para controlar robots y automatizar tareas repetitivas y peligrosas, como la exploración de minas, construcción de edificios y mantenimiento de infraestructuras.

-Medicina: la IA se utiliza para analizar imágenes médicas y ayudar en el diagnóstico y tratamiento de enfermedades.

-Vehículos autónomos: la IA se utiliza para controlar coches y drones autónomos, para mejorar la seguridad y la eficiencia en el transporte.

-Negocios: la IA se utiliza para mejorar la toma de decisiones en las empresas, automatizando tareas administrativas, analizando datos y ofreciendo recomendaciones.

Es importante destacar que la IA es una tecnología en constante evolución y se espera que se desarrollen nuevas aplicaciones e innovaciones en el futuro en estas áreas, así como en otras.

Una lenta transición de la vida biológica a la electrónica

Existe la posibilidad de que en un futuro lejano se produzca una transición de la vida biológica a la electrónica, también conocida como convergencia de biotecnología e información tecnológica. Se refiere a la idea de que se desarrollarán tecnologías que combinen elementos biológicos y electrónicos para crear sistemas vivos y no vivos que funcionen de manera similar a los organismos biológicos. Esta transición podría tener un impacto significativo en áreas como medicina, agricultura, industria y tecnología de la información.

En medicina, se están investigando formas de utilizar células y tejidos biológicos para reparar y reemplazar órganos dañados o defectuosos. En agricultura, se están explorando formas de utilizar plantas genéticamente modificadas para mejorar la producción y la resistencia a plagas y enfermedades.

En la industria, se están investigando formas de utilizar microorganismos genéticamente modificados para producir productos químicos y biocombustibles. En computación, se están explorando formas de utilizar sistemas biológicos para almacenar y procesar información de manera más eficiente.

Sin embargo, esta transición también plantea desafíos éticos y legales, como el acceso desigual a la tecnología y el riesgo de crear organismos biológicos que puedan ser perjudiciales para el medio ambiente o la salud humana. Es importante seguir investigando y debatiendo estos desafíos para garantizar que la transición de la vida biológica a la electrónica se realice de manera responsable y beneficiosa para la humanidad.

La convergencia de la biotecnología se refiere a la combinación de diferentes campos de la biología, como biología molecular, genética, biología celular y biología sintética, con otras tecnologías, como computación, ingeniería y tecnología de la información, para desarrollar nuevas aplicaciones y soluciones para problemas médicos, ambientales y económicos.

Esta convergencia permite una mayor comprensión de los sistemas biológicos y la capacidad de manipular y controlar la biología para resolver problemas y desarrollar nuevos productos y servicios. Algunos ejemplos de aplicaciones de convergencia de biotecnología incluyen:

-Medicina personalizada: La combinación de biotecnología con informática y genética permite el desarrollo de tratamientos personalizados para enfermedades basados en la genética y biología molecular de cada paciente.

-Agricultura de precisión: La combinación de biotecnología con tecnología de la información e ingeniería permite el desarrollo de plantas genéticamente modificadas para mejorar la producción y resistencia a plagas y enfermedades.

-Fabricación biológica: La combinación de biotecnología con ingeniería permite el desarrollo de microorganismos genéticamente modificados para producir productos químicos y biocombustibles.

-Biosensores: La combinación de biotecnología con ingeniería permite el desarrollo de sensores biológicos para detectar moléculas específicas en el medio ambiente o en el cuerpo humano.

La convergencia de la biotecnología tiene el potencial de resolver problemas médicos, ambientales y económicos, pero también presenta desafíos éticos y legales. Es importante investigar y debatir más profundamente estos desafíos para garantizar que la convergencia de la biotecnología se lleve a cabo de manera responsable y beneficiosa para la humanidad.

Los desafíos legales, como la regulación y propiedad intelectual de organismos genéticamente modificados, también deben ser considerados. Es fundamental continuar investigando y debatiendo estos desafíos para garantizar que la convergencia de la biotecnología se realice de forma responsable y benéfica para la humanidad.

Construyendo mundos habitables

Otro regalo que los científicos deben dar a la humanidad es la capacidad de construir mundos habitables, es decir, herramientas para posibilitar el proceso de crear condiciones favorables para la vida en mundos sin vida, como planetas o lunas. Esto puede incluir la creación de atmósferas, la colocación de agua líquida en la superficie, la manipulación de la temperatura y la introducción de vida.

Actualmente, la construcción de mundos habitables es un área de investigación futurista, pero existen algunas propuestas científicas para alcanzar este objetivo. Algunas propuestas incluyen:

-Terraformación: la manipulación de la atmósfera, clima y superficie de un planeta para hacerlo más parecido a la Tierra y soportable para la vida.

-Creación de ecosistemas cerrados: la creación de ambientes cerrados, como biomas, que pueden soportar la vida independientemente del ambiente externo.

-Colonización espacial: la transferencia de la vida humana y otras formas de vida a otros cuerpos celestes, como planetas o lunas, para crear comunidades habitables.

Estas propuestas aún se consideran posibilidades para un futuro lejano y no se han implementado hasta hoy. La construcción de mundos habitables es un área de investigación en constante evolución y requiere una comprensión profunda de la ciencia planetaria, la biología y la ingeniería para ser alcanzada.

Materiales avanzados y nanotecnología

Otro tema que ha despertado el interés y la imaginación de muchos científicos e investigadores en todo el mundo: los materiales avanzados y la nanotecnología. Estos campos del conocimiento se han vuelto cada vez más importantes y prometedores y están a la vanguardia del desarrollo tecnológico de la humanidad.

¿Pero qué son los materiales avanzados, después de todo? Básicamente, son materiales que poseen propiedades únicas e inusuales, como una resistencia mecánica increíble, una capacidad de conducción eléctrica extremadamente alta o un comportamiento magnético sorprendente. Estas propiedades son el resultado de su estructura molecular, que es cuidadosamente diseñada y controlada por los científicos que trabajan en esta área.

La nanotecnología es el estudio y manipulación de materiales a escala nanométrica, es decir, a escala de átomos y moléculas. Con ella, es posible crear materiales con propiedades aún más extraordinarias y explorar fenómenos cuánticos que solo se manifiestan en esa escala. Es como si estuviéramos abriendo una nueva ventana para la comprensión de la naturaleza y para el desarrollo de tecnologías revolucionarias.

Los materiales avanzados y la nanotecnología son áreas de investigación altamente interdisciplinarias, que involucran físicos, químicos, ingenieros, biólogos y muchos otros especialistas. Trabajan juntos para crear nuevos materiales y dispositivos que puedan mejorar la calidad de vida de las personas y resolver problemas complejos que afectan a la humanidad en su conjunto.

Un ejemplo de esto es el desarrollo de materiales superconductores que podrían revolucionar la forma en que generamos y distribuimos energía eléctrica. O también, el uso de nanotubos de carbono para crear materiales ultraligeros y ultrafuertes, que podrían revolucionar la industria aeroespacial y automotriz.

Además, los materiales avanzados y la nanotecnología también tienen un enorme potencial para ayudar a abordar grandes desafíos globales, como el cambio climático y la escasez de recursos naturales. Al crear materiales más eficientes y sostenibles y al desarrollar nuevas tecnologías de almacenamiento de energía, por ejemplo, podemos hacer que nuestra sociedad sea más resiliente y menos dependiente de fuentes contaminantes y finitas.

Por todo ello, creo que los científicos que trabajan en esta área están entre los más valientes, innovadores y visionarios de nuestro tiempo. Nos están guiando hacia un futuro más prometedor, en el que la ciencia y la tecnología se utilizan para el bien común de la humanidad.

Biología sintética e ingeniería genética

La biología sintética y la ingeniería genética son áreas de la ciencia que tienen la capacidad de transformar radicalmente la forma en que entendemos y manipulamos los organismos vivos y, por lo tanto, son muy importantes para el futuro de la humanidad.

La biología sintética es el estudio de la vida en su forma más fundamental y busca entender cómo podemos crear organismos artificiales con funciones específicas. Mediante el uso de herramientas moleculares, como CRISPR-Cas9, es posible editar el ADN de un organismo de manera precisa y programable, creando nuevas funcionalidades y características que antes eran imposibles de obtener.

Por otro lado, la ingeniería genética es el estudio de la manipulación del ADN de seres vivos con el objetivo de crear organismos que posean características deseables o que puedan ser utilizados para fines específicos. Esto puede ser usado para crear plantas más resistentes a plagas o para desarrollar nuevas terapias para enfermedades genéticas.

Los científicos que trabajan en estas áreas son verdaderos artistas de la vida y tienen la capacidad de crear nuevas formas de vida que podrían revolucionar la forma en que vivimos. Ellos son los responsables de desarrollar nuevas terapias para enfermedades que antes eran incurables y de crear nuevos alimentos que podrán alimentar a una población en crecimiento. También tienen la capacidad de ayudar a proteger la biodiversidad de nuestro planeta, creando organismos capaces de limpiar contaminantes y residuos tóxicos.

Sin embargo, es importante recordar que la biología sintética y la ingeniería genética también tienen el potencial de ser utilizadas con fines maléficos, como la creación de organismos que puedan ser usados como armas biológicas. Por eso, es necesario que los científicos que trabajan en estas áreas tengan una conducta ética y responsable y que la sociedad esté involucrada en el debate sobre los límites y las aplicaciones de estas tecnologías.

Medicina regenerativa y terapia celular

En esta sección, me gustaría hablarles sobre el fascinante trabajo que los científicos han estado desarrollando en el área de la medicina regenerativa y la terapia celular. Como muchos de ustedes saben, nuestra comprensión del cuerpo humano y las enfermedades que lo afectan ha evolucionado a lo largo de los años. Ahora, gracias a estos avances en la ciencia, estamos entrando en una nueva era de tratamiento de enfermedades, que puede traer esperanza y curación a millones de personas.

La medicina regenerativa y la terapia celular son campos que se basan en la capacidad del cuerpo humano para curarse y regenerarse, utilizando células sanas para reemplazar células enfermas o dañadas. Esto significa que, en lugar de simplemente tratar los síntomas, estos tratamientos tienen el potencial de curar enfermedades de una vez por todas.

Los científicos están trabajando en una amplia variedad de aplicaciones, desde la curación de heridas y quemaduras hasta el tratamiento de enfermedades crónicas, como la diabetes y la enfermedad de Parkinson. Estas terapias pueden involucrar el uso de células madre, que tienen la capacidad de transformarse en diferentes tipos de células del cuerpo, o el uso de células sanas para reemplazar células enfermas.

Además, la medicina regenerativa y la terapia celular también tienen el potencial de revolucionar la medicina personalizada, permitiendo que los médicos creen tratamientos a medida para cada paciente según sus necesidades individuales. Esto podría significar un futuro en el que las enfermedades se traten con mayor precisión y menos efectos secundarios.

Con todo esto en mente, es fácil ver cómo estos avances tienen el potencial de beneficiar significativamente a la humanidad. Pero, como siempre, la ciencia no puede hacer esto sola. Necesitamos financiamiento, apoyo y, sobre todo, curiosidad. Todavía hay mucho que aprender y descubrir en este campo fascinante y todos nosotros podemos desempeñar un papel importante en esta travesía.

Desarrollo de energía limpia y sostenibilidad ambiental

Como seres humanos, tenemos una gran responsabilidad con el planeta en el que vivimos. A lo largo de los años, nuestra dependencia de los combustibles fósiles ha afectado negativamente al medio ambiente y, en consecuencia, a nuestra calidad de vida. Pero esto puede cambiar, y los científicos de todo el mundo están trabajando incansablemente para hacerlo realidad.

La ciencia tiene el poder de cambiar el mundo y, en el campo de la energía limpia y la sostenibilidad ambiental, está haciendo exactamente eso. Los científicos están explorando nuevas tecnologías para aprovechar la energía del sol, el viento y el agua, creando fuentes renovables de energía que pueden proporcionar electricidad a hogares y empresas de todo el mundo. Estas fuentes de energía renovable son vitales para la sostenibilidad ambiental. Pueden reducir las emisiones de gases de efecto invernadero, mejorar la calidad del aire y del agua, y ayudar a combatir el cambio climático. Además, pueden ser más accesibles y confiables a largo plazo que los combustibles fósiles. Pero, como siempre, la ciencia no puede hacer esto sola. Necesitamos políticas públicas y cambios culturales para respaldar estos esfuerzos. Las tecnologías ya existen, pero necesitamos invertir en su implementación y difusión en todo el mundo. Necesitamos líderes que entiendan la importancia de la energía limpia y la sostenibilidad ambiental y que estén comprometidos en actuar.

Realidad virtual y aumentada

La realidad virtual y aumentada tiene el poder de transformar la forma en que interactuamos con el mundo que nos rodea. Estas tecnologías avanzadas pueden transportarnos a otros mundos, permitiéndonos interactuar con objetos virtuales y transformar la forma en que aprendemos, nos divertimos e incluso cómo nos curamos.

En educación, la realidad virtual y aumentada se puede utilizar para hacer que el aprendizaje sea más atractivo y divertido. Los estudiantes pueden experimentar la historia de primera mano, visitar lugares lejanos e incluso realizar experimentos complejos que serían imposibles de otra manera. Estas tecnologías pueden ayudar a inspirar y a involucrar a los estudiantes, abriendo nuevas puertas para el aprendizaje.

En el área del ocio, la realidad virtual y aumentada también tiene mucho que ofrecer. Estas tecnologías pueden transportarnos a otros mundos, permitiéndonos experimentar juegos y experiencias que antes eran imposibles. Pueden ayudarnos a relajarnos, explorar nuevos mundos e incluso socializar con otras personas.

Y en el área de la salud, la realidad virtual y aumentada también puede tener un impacto significativo. Estas tecnologías se pueden utilizar en terapias de exposición para ayudar a pacientes con trastornos de ansiedad o fobias a enfrentar sus miedos de manera segura y controlada. También pueden ser utilizadas para ayudar a manejar el dolor, reducir el estrés y mejorar la calidad de vida.

Con todo esto en mente, es fácil ver cómo la realidad virtual y aumentada tiene el potencial de beneficiar significativamente a la humanidad. Pero, como siempre, necesitamos continuar invirtiendo en investigación y desarrollo para hacer que estas tecnologías avanzadas sean accesibles para todos. Juntos, podemos crear un futuro en el que la realidad virtual y aumentada pueda ayudar a mejorar nuestras vidas y el mundo que nos rodea.

Automatización y robótica avanzada

La automatización y la robótica avanzada son campos que están transformando la forma en que trabajamos e interactuamos con el mundo que nos rodea. Con robots cada vez más sofisticados y sistemas automatizados, podemos realizar tareas complejas con mayor rapidez y precisión que nunca.

Estas tecnologías avanzadas tienen el potencial de beneficiar a la humanidad en una amplia variedad de sectores. En la industria, pueden ser utilizadas para mejorar la eficiencia y la productividad, reduciendo costos y tiempos de producción. En la agricultura, pueden ayudar a cultivar alimentos de manera más eficiente y sostenible, aumentando el rendimiento y reduciendo el desperdicio.

En el área de la salud, la automatización y la robótica avanzada también tienen el potencial de revolucionar la medicina. Los robots pueden ser utilizados en cirugías complejas, permitiendo que los médicos realicen procedimientos con mayor precisión y seguridad. Además, estas tecnologías pueden ser utilizadas para crear prótesis personalizadas y dispositivos médicos más avanzados.

Y en el área del ocio, la automatización y la robótica avanzada también tienen mucho que ofrecer. Con el aumento de la sofisticación de los robots y los sistemas automatizados, podemos crear experiencias de entretenimiento más inmersivas e involucrantes que nunca. Esto puede llevarnos a una experiencia de ocio más personalizada y agradable.

En el futuro, la ciencia y los científicos seguirán desempeñando un papel fundamental en el desarrollo de la automatización y la robótica avanzada, que tienen el potencial de cambiar radicalmente la forma en que vivimos y trabajamos. Pero es importante recordar que la tecnología es solo una herramienta y depende de nosotros decidir cómo usarla. Necesitamos la sabiduría y el conocimiento de los científicos para garantizar que la automatización y la robótica avanzada se desarrollen de manera ética y responsable, para que podamos cosechar los beneficios de estas tecnologías sin perjudicar a las personas o al medio ambiente. Los científicos son, y siempre serán, esenciales para el progreso humano y debemos valorarlos y apoyarlos en sus búsquedas para comprender y mejorar nuestro mundo.

Capítulo IX

Una invitación especial

La ciencia es una aventura increíble que nos lleva a explorar lo desconocido y a descubrir cosas que nunca imaginamos. Únete a nosotros en este emocionante viaje.

Neil deGrasse Tyson

La ciencia es la puerta al futuro. Si quieres cambiar el mundo y marcar una diferencia positiva, entonces la ciencia es la respuesta. Ven y únete a nosotros.

Bill Nye

Queridos lectores, es con gran satisfacción que llegamos al capítulo final de este libro. Espero que la lectura haya sido tan inspiradora y emocionante para ustedes como lo fue para mí escribirlo. A lo largo de las páginas, espero haber demostrado la importancia de la ciencia para la humanidad y cómo los científicos siempre estarán en la primera línea, trabajando duro para resolver los problemas más complejos que enfrentamos.

Me gustaría aprovechar este momento para invitarlos a considerar seguir una carrera científica. Necesitamos más mentes brillantes y dedicadas trabajando en las más diversas áreas de la ciencia, desde la Física hasta la Biología. La próxima generación de científicos estará en la primera línea, enfrentando nuevos desafíos y creando soluciones innovadoras. Espero que, después de leer este libro, se sientan inspirados a formar parte de este emocionante viaje.

Como podemos ver a lo largo de este libro, la ciencia es la clave para comprender el mundo natural y para explicar las cosas que nos rodean. Es un enfoque riguroso, basado en evidencias y argumentos lógicos, que nos permite descubrir las verdades ocultas detrás de los fenómenos naturales. Y la metodología científica es la brújula que guía nuestras investigaciones, permitiéndonos avanzar en la comprensión del universo.

Pero la ciencia no es solo sobre comprender el mundo. También es sobre la aventura del descubrimiento y la belleza de la naturaleza. Es un viaje emocionante que nos permite apreciar la maravilla de la vida y del universo. Y es un viaje que está disponible para todos, independientemente de su formación o de opiniones personales.

Por eso, los invito a sumergirse en esta travesía, a conocer la ciencia y la metodología científica de manera accesible y divertida. Los invito a cuestionar sus creencias y supersticiones, a buscar evidencias y argumentos lógicos para comprender el mundo a su alrededor. Los invito a apreciar la belleza y la complejidad de la naturaleza y a descubrir las verdades escondidas detrás de los fenómenos naturales.

Creo que la ciencia es la herramienta más poderosa que tenemos para comprender el mundo que nos rodea. Nos permite desentrañar los misterios de la naturaleza, explorar las profundidades del espacio y entendernos a nosotros mismos.

Sin embargo, para que la ciencia pueda florecer y seguir cambiando. Sin embargo, para que la ciencia pueda florecer y seguir cambiando el mundo para mejor, necesitamos más personas como ustedes. Personas curiosas, apasionadas y dispuestas a cuestionar lo que se conoce y a buscar nuevas respuestas.

Los invito a convertirse en científicos. No necesariamente tiene que ser un científico profesional, sino alguien que siempre está buscando nueva información, experimentando y aprendiendo. La ciencia es para todos, no importa su formación o creencias personales.

No hay nada más gratificante que descubrir algo nuevo sobre el mundo y compartir ese conocimiento con otras personas. Entonces, vengan y únansen a mí en este emocionante viaje del descubrimiento científico.

Ser un científico es una elección emocionante y significativa, ya que permite desentrañar los misterios del universo. A continuación, se presentan algunas de las razones por las cuales ser un científico:

-Contribuir al conocimiento humano: La ciencia tiene el poder de cambiar el mundo y mejorar la vida de las personas. Como científico, tendrás la oportunidad de contribuir al acervo de conocimientos y ayudar a resolver problemas importantes enfrentados por la humanidad.

-Desafío intelectual: La ciencia es un viaje constante de aprendizaje y desafío. Si siempre estás buscando un desafío intelectual y te apasiona descubrir cosas nuevas, la ciencia puede ser una excelente opción para ti.

-Aplicación práctica: La ciencia tiene aplicaciones prácticas en la vida cotidiana, ayudando a resolver problemas y a mejorar las condiciones de vida de las personas. Como científico, tendrás la oportunidad de marcar una diferencia real en la vida de las personas.

-Carrera gratificante: La ciencia es una carrera gratificante, ya que permite trabajar en proyectos emocionantes y desafiantes y contribuir al avance de la humanidad. Además, los científicos tienen la oportunidad de colaborar con otros profesionales talentosos y de aprender continuamente.

¿Cuáles son las carreras que debo seguir para convertirme en un científico?

Existen varias carreras científicas diferentes que puedes elegir, dependiendo de tus habilidades, intereses y área de especialización. Algunas de las carreras más comunes en ciencia incluyen:

-Biología: Estudiar la vida y sus procesos, incluida la evolución, la genética y la biotecnología.

-Química: Estudiar las propiedades y reacciones de las sustancias químicas y sus aplicaciones en diferentes áreas, como la medicina y la tecnología.

-Física: Estudiar la naturaleza y el comportamiento de la materia y la energía, incluyendo la mecánica, la termodinámica y la astrofísica.

-Astronomía: Estudiar el universo, incluyendo las estrellas, planetas, galaxias y el origen del universo.

-Geología: Estudiar la Tierra y sus procesos geológicos, incluida la formación de rocas, terremotos y volcanes.

-Ingeniería: Aplicar principios científicos para resolver problemas prácticos, incluyendo la ingeniería mecánica, eléctrica y civil.

-Medicina: Estudiar la salud humana y aplicar conocimientos científicos para prevenir y tratar enfermedades.

Cada una de estas carreras científicas ofrece diferentes desafíos y oportunidades, y es importante elegir la que mejor se adapte a tus habilidades e intereses. Además, es importante estudiar mucho y especializarte en un área específica para convertirte en un científico competente y exitoso.

Una invitación a las autoridades e inversores privados

Queridos lectores, también me gustaría aprovechar la oportunidad en este libro para hablar sobre la importancia de la investigación científica para nuestro mundo. Como muchos de ustedes ya saben, soy un gran defensor de la ciencia y la búsqueda del conocimiento. Creo que invertir en investigación básica y aplicada es fundamental para el progreso de la humanidad y para la solución de los grandes desafíos que enfrentamos actualmente.

Desafortunadamente, no siempre los gobiernos y los inversores privados reconocen la importancia de la ciencia y el conocimiento para nuestra sociedad. A menudo, vemos recortes en la financiación de la investigación científica y la falta de apoyo para empresas científicas. Esto es un gran error y puede tener consecuencias graves para nuestro futuro.

Invertir en investigación básica y aplicada es fundamental no solo para el avance de la ciencia y la tecnología, sino también para mejoras en el sector económico y social de un país. La ciencia es una herramienta poderosa para encontrar soluciones innovadoras y sostenibles a nuestros problemas, como el cambio climático, las enfermedades y la pobreza. Además, la ciencia y la tecnología son responsables de muchas de los grandes descubrimientos e invenciones que cambiaron el mundo, desde la electricidad hasta el internet.

Por eso, me gustaría invitar a las autoridades y a los inversores privados a apoyar más a los científicos y a las empresas científicas. Debemos reconocer la importancia de la investigación y el conocimiento para nuestra sociedad e invertir en ciencia y tecnología de manera más amplia y sistemática. Si hacemos esto, estoy seguro de que veremos grandes avances y mejoras en nuestra sociedad y que la ciencia continuará sorprendiéndonos e inspirándonos.

En este sentido, me gustaría llamar la atención sobre la importancia

Figura IX.1: En esta imagen podemos ver el nuevo museo más grande del mundo dedicado a la astronomía en Shanghái, China, diseñado por la firma *Ennead Architects*. Este complejo cultural crea una experiencia inmersiva que pone a los visitantes en contacto directo con fenómenos astronómicos. Fuente: ArchExists/CASACOR

de los complejos de ciencia, observatorios astronómicos y planetarios en nuestras ciudades. Estos espacios son fundamentales para la divulgación de la ciencia y el conocimiento, permitiendo que los alumnos de educación básica y el público en general tengan contacto con las maravillas del universo y el mundo natural.

Además de despertar el interés de los niños por la ciencia, estos complejos pueden ayudar a formar una nueva generación de científicos e investigadores, inspirando a jóvenes talentosos a seguir una carrera en el área. También pueden contribuir a la educación y el desarrollo de la sociedad, difundiendo información precisa y actualizada sobre ciencia y tecnología.

Lamentablemente, muchas ciudades brasileñas todavía no tienen estos espacios, por ejemplo, citaré la ciudad de Teresina, en Piauí, como una de las pocas capitales brasileñas que no cuenta con un planetario u observatorio. Esto es un gran problema, ya que impide que muchos estudiantes y personas interesadas tengan acceso a estos recursos y oportunidades.

Por eso, me gustaría animar a las autoridades locales y a la población en general a apoyar la creación de complejos de ciencia, observatorios astronómicos y planetarios en sus ciudades. Debemos valorar la ciencia y el conocimiento como un patrimonio de la humanidad e invertir en espacios educativos que puedan inspirar y educar a las futuras generaciones. Con esto, estoy seguro de que veremos grandes avances y mejoras en nuestra sociedad y que los niños y jóvenes de Teresina y de otras ciudades de Brasil tendrán acceso a un mundo de descubrimientos y posibilidades.

Algunas asociaciones científicas en Brasil y en el mundo

Las asociaciones científicas son importantes para la comunidad científica por varias razones. En primer lugar, ofrecen a los científicos una plataforma para compartir sus investigaciones, ideas y conocimientos. También promueven la colaboración entre científicos de diferentes áreas, lo que puede llevar a descubrimientos importantes y avances significativos en la ciencia.

Además, las asociaciones científicas también desempeñan un papel importante en la defensa y promoción de la ciencia. Ayudan a garantizar que la ciencia esté financiada adecuadamente y que los científicos tengan las condiciones necesarias para realizar su trabajo de manera efectiva. También se esfuerzan por garantizar que la ciencia se comunique de manera precisa y accesible al público en general.

Por último, las asociaciones científicas ofrecen a los científicos la oportunidad de participar en actividades profesionales, como asistir a conferencias y talleres, y desarrollarse como líderes en su área de especialización. Esto puede ayudar a impulsar la carrera de un científico y aumentar su visibilidad e impacto en la comunidad científica. Veamos a continuación algunos ejemplos de asociaciones científicas:

1. Sociedad Brasileña de Bioquímica y Biología Molecular (SBBq) - Es una sociedad científica que busca promover el desarrollo de la bioquímica y biología molecular en Brasil.

2. Asociación Brasileña de Astronomía (ABRAS) - Es una organización sin fines de lucro que tiene como objetivo promover y difundir la astronomía en Brasil.

3. Asociación Brasileña de Ecología (ABE) - Es una organización científica que tiene como objetivo promover y difundir el conocimiento y la práctica de la ecología en Brasil.

4. Sociedad Brasileña de Física (SBF) - Es una sociedad científica que tiene como objetivo promover el desarrollo y difusión de la física en Brasil.

5. Academia Brasileña de Ciencias (ABC): es una sociedad científica independiente, sin fines de lucro, fundada en 1916 con el objetivo de promover y divulgar el avance de la ciencia en Brasil.

6. Asociación Brasileña de Química (ABQ): es una organización sin fines de lucro dedicada a la promoción de la química y la formación de químicos en Brasil.

7. Asociación Nacional de Posgrado e Investigación en Ciencias Biológicas (ANPPQCB): es una organización sin fines de lucro dedicada a la promoción de la investigación y la posgrado en ciencias biológicas en Brasil.

8. Sociedad Brasileña de Matemática Aplicada y Computacional (SBMAC): es una organización sin fines de lucro dedicada

a la promoción de la matemática aplicada y computacional en Brasil, fomentando la investigación y el desarrollo tecnológico en el área.

9. Sociedad Brasileña para el Progreso de la Ciencia (SBPC) - es una de las asociaciones científicas más importantes de Brasil, fundada en 1948. Su objetivo es promover el avance de las ciencias en el país, además de fomentar la investigación científica y la formación de nuevos científicos.

10. Asociación Americana para el Avance de la Ciencia (AAAS): Fundada en 1848, es la mayor organización científica de Estados Unidos, con más de 120,000 miembros. Su objetivo es promover la ciencia y su aplicación para ayudar a resolver problemas globales.

11. Real Sociedad Británica de Ciencias (RS): Fundada en 1660, es una de las sociedades científicas más antiguas y prestigiosas del mundo. Ofrece recursos para científicos, incluyendo oportunidades de investigación, conferencias y publicaciones.

12. Academia Nacional de Ciencias (NAS): Fundada en 1863, es una organización independiente que proporciona asesoramiento y apoyo a la política científica de Estados Unidos. Su objetivo es mejorar la comprensión pública de la ciencia y estimular la innovación.

13. Unión Internacional de Ciencias (IUMS): Fundada en 1919, es una organización científica con sede en París, Francia. La IUMS tiene como objetivo promover la cooperación internacional en la ciencia, así como la integración de investigadores de todo el mundo.

14. Organización Internacional de Ciencias Médicas (IOMS): Fundada en 1928, es una organización internacional dedicada a promover la colaboración entre científicos de todo el mundo y mejorar la comprensión de la salud global. Su objetivo es apoyar la investigación y el desarrollo de soluciones para problemas de salud global.

15. Sociedad Científica Graviton (GSS): Fundada el 16 de diciembre de 2014, es una organización privada, sin fines de lucro dedicada a promover la colaboración entre científicos, profesores, divulgadores científicos y amantes de la ciencia y la razón.

16. Sociedad Física Americana (APS): Fundada en 1899, la APS es una organización profesional que representa a la comunidad física en Estados Unidos. Publica revistas científicas, organiza conferencias y ofrece recursos para mejorar la educación en física.

17. Sociedad Europea de Física (EPS): Fundada en 1968, la EPS es una organización europea de físicos que tiene como obje-

tivo promover la colaboración entre físicos de toda Europa. Organiza conferencias y publica revistas científicas, además de proporcionar recursos para mejorar la educación y capacitación en física.

18. Instituto de Física (IOP): Fundado en 1874, el IOP es una organización profesional de físicos en el Reino Unido. Publica revistas científicas, organiza conferencias y ofrece recursos para mejorar la educación en física.

19. Sociedad Física de Japón (JPS): Fundada en 1948, la JPS es una organización profesional de físicos en Japón. Publica revistas científicas, organiza conferencias y ofrece recursos para mejorar la educación y capacitación en física.

20. Sociedad Física China (CPS): Fundada en 1956, la CPS es una organización profesional de físicos en China. Publica revistas científicas, organiza conferencias y ofrece recursos para mejorar la educación y capacitación en física.

Sugerencia de libros para leer

La lectura es una de las mayores herramientas que poseemos para expandir nuestra comprensión del mundo y ampliar nuestros horizontes. Por eso, permítame sugerir algunos libros que, a lo largo de los años, me han inspirado y enriquecido el alma. Son obras que abordan temas variados, desde la ciencia hasta la filosofía, pasando por la historia y la ficción. Cada una de ellas le ofrecerá una visión única y valiosa sobre el mundo y sobre nosotros mismos.

Creo que la lectura es una de las claves para una vida más plena y significativa. Entonces, acompáñeme y sumérjase en las páginas de estos libros. Estoy seguro de que no se arrepentirá.

1. **Cosmos** - En este libro, Sagan explora la historia de la ciencia y del universo, desde el Big Bang hasta el papel de la humanidad en la exploración espacial.

2. **El mundo y sus demonios** - Este libro discute la naturaleza de la ciencia y del pensamiento crítico.

3. **Un punto azul pálido** - En este libro, Sagan habla sobre la historia de la vida en la Tierra y la importancia de proteger nuestro planeta.

4. **Contacto** - Esta novela de ciencia ficción de Sagan sigue la jornada de una científica que descubre evidencias de vida extraterrestre.

5. **Variedades de la experiencia científica** - En este libro, Sagan explora la filosofía y la metodología de la ciencia, así como las complejidades del conocimiento científico.

6. **Cometa** - Esta novela de ciencia ficción de Sagan sigue a un equipo de astronautas que descubren un cometa con la posibilidad de traer vida extraterrestre a la Tierra.

7. **Los dragones del Edén** - En este libro de Sagan, se explora la evolución de la inteligencia humana.

8. **Visiones para el siglo XXI** - En este libro, Sagan ofrece una perspectiva única y esperanzadora sobre cómo la ciencia puede ayudar a resolver los problemas más urgentes del mundo.

9. **Murmuros de la Tierra** - En este libro, Sagan comparte sus experiencias y reflexiones sobre la humanidad, el medio ambiente y el universo en su conjunto.

10. **Vida inteligente en el universo** - En este libro, Sagan explora la posibilidad de que existan otras formas de vida en el universo, ofreciendo una perspectiva fascinante sobre la naturaleza de nuestro lugar en el cosmos.

11. **El gen egoísta** - En este libro, Dawkins propone la idea de que los genes, y no los individuos o las especies, son la unidad fundamental de la selección natural.

12. **La escalada al monte improbable** - En este libro, Dawkins explora la teoría de la evolución y los mecanismos por los cuales la complejidad biológica puede surgir.

13. **El espejismo del arcoíris** - En este libro, Dawkins explora la biología y la evolución del color y del sexo, ofreciendo una visión fascinante de la diversidad de la vida en la Tierra.

14. **La magia de la realidad** - En este libro, Dawkins explora la ciencia y las explicaciones racionales para los misterios del universo, desde la formación del universo hasta el origen de la vida en la Tierra.

15. **Ciencia en el alma** - Este libro es una colección de ensayos en los que Dawkins discute cuestiones científicas y filosóficas relacionadas con la vida, el universo y la sociedad.

16. **El río que fluye del Edén** - En este libro, Richard Dawkins aborda la historia de la vida en la Tierra, desde los primeros organismos unicelulares hasta la evolución humana.

17. **La física de lo imposible** de Michio Kaku - Este libro explora la posibilidad de viajes en el tiempo, teletransporte y otras ideas "imposibles"de la ciencia ficción.

18. **Autobiografía de Marie Curie** de Marie Curie - La dos veces ganadora del Premio Nobel cuenta su historia en esta autobiografía, incluyendo sus descubrimientos fundamentales sobre radioactividad y sus luchas como mujer en un mundo dominado por hombres.

19. **La Danza del Universo** de Marcelo Gleiser - En este libro se explora la intersección entre la física y la espiritualidad, así como los orígenes del universo.

20. **Una Breve Historia del Tiempo** por Stephen Hawking - Este libro es una introducción accesible a los conceptos básicos de la física, incluyendo la teoría de la relatividad y la mecánica cuántica.

21. **El Quark y el Jaguar** de Murray Gell-Mann - Gell-Mann es un físico teórico que ganó el Premio Nobel en 1969, y este libro explora la naturaleza de la complejidad y la diversidad en el universo.

22. **La Estructura de las Revoluciones Científicas** de Thomas Kuhn - Kuhn fue un historiador de la ciencia y filósofo que ganó el Premio Nobel en 1962, y este libro es una reflexión sobre la naturaleza de la ciencia y cómo los paradigmas científicos cambian a lo largo del tiempo.

23. **La Química y la Vida** de Linus Pauling - Pauling ganó el Premio Nobel en Química dos veces, y este libro explora la relación entre la química y la vida, incluyendo la estructura del ADN y la bioquímica de la salud y la enfermedad.

24. **Quarks, Leptones y el Big Bang** de Jonathan Allday - Allday es un físico y escritor, y este libro ofrece una introducción accesible a la física de partículas y al origen del universo.

25. **El Universo Elegante** de Brian Greene - Este libro aborda la física teórica y la teoría de cuerdas, ofreciendo una expli-

cación accesible para los conceptos más complejos de la física moderna.

26. **El Origen de las Especies** de Charles Darwin - Este libro seminal es una lectura fundamental para aquellos que deseen entender la teoría de la evolución y su impacto en la ciencia y la sociedad.

27. **La Danza del Tiempo** de Sir Roger Penrose - Penrose es un físico teórico y matemático que explora cuestiones relacionadas con la relatividad y la mecánica cuántica en este libro.

Edwar Montenegro es licenciado en Física (IFPI), maestro y doctorando en Ciencia e Ingeniería de Materiales (UFPI). También es socio fundador de la Graviton Scientific Society y profesor de robótica y metodologías STEAM con énfasis en tecnologías espaciales en la educación básica.

Si tiene sugerencias, críticas o cualquier comentario, puede utilizar cualquiera de las siguientes redes sociales:

Instagram: *@edwarmontenegro_*

YouTube: *@edwarmontenegro_*

TikTok: *@edwarmontenegro*

www.edwardmontenegro.com